"十四五"职业教育国家规划教材

西餐冷菜制作

（第2版）

主 编 王跃辉
副主编 郑 革 宗 辉

U0234486

北京理工大学出版社
BEIJING INSTITUTE OF TECHNOLOGY PRESS

图书在版编目（CIP）数据

西餐冷菜制作 / 王跃辉主编 . -- 2 版 . -- 北京：
北京理工大学出版社，2020.1（2024.10 重印）
ISBN 978 - 7 - 5682 - 8111 - 9

Ⅰ . ①西… Ⅱ . ①王… Ⅲ . ①西式菜肴 – 凉菜 – 制作
– 中等专业学校 – 教材 Ⅳ . ① TS972.188.1

中国版本图书馆 CIP 数据核字（2020）第 021389 号

| 责任编辑：钟　博 | 文案编辑：钟　博 |
| 责任校对：刘亚男 | 责任印制：边心超 |

出版发行 / 北京理工大学出版社有限责任公司
社　　址 / 北京市丰台区四合庄路 6 号
邮　　编 / 100070
电　　话 /（010）68914026（教材售后服务热线）
　　　　　　（010）63726648（课件资源服务热线）
网　　址 / http: // www.bitpress.com.cn

版 印 次 / 2024 年 10 月第 2 版第 4 次印刷
印　　刷 / 定州市新华印刷有限公司
开　　本 / 787mm × 1092mm　1/16
印　　张 / 15.5
字　　数 / 372 千字
定　　价 / 49.00 元

以就业为导向的职业教育，是一种跨越职业场和教学场的职业教育，是一种典型的跨界教育。跨界的职业教育，必然要有跨界的思考。职业教育课程作为人才培养的核心，其跨界特征也决定了职业教育的课程是一种跨界的课程。

课程开发必须解决两个问题：一是课程内容如何选择；二是课程内容如何排序。第一个问题很好理解，培养科学家、培养工程师、培养职业人才所要学习的课程内容是不同的；而第二个问题却是课程开发的关键所在。所谓课程内容的排序，指的是课程内容的结构化。其意为，当课程内容选择完毕，这些内容又如何结构化呢？知识只有在结构化的情况下才能传递，没有结构的知识是难以传递的。但是，长期以来，教育陷入了一个怪圈：以为课程内容只有一种排序方式，即依据学科体系的排序方式来组织课程内容，其所追求的是知识的范畴、结构、内容、方法、组织以及理论的历史发展。形象地说，这是在盖一个知识的仓库，所追求的是仓库里的每一层、每一格、每一个抽屉里放什么，所搭建的只是一个堆栈式的结构。然而，存储知识的目的在于应用。在一个人的职业生涯之中，应用知识远比存储知识重要。因此，相对于存储知识的课程范式，一定存在着一个应用知识的课程范式。国际上把应用知识的教育称为行动导向的教育，把与之相应的应用知识的教学体系称为行动体系，也就是做事的体系，或者更通俗地、更确切地说，是工作的体系。这就意味着，除了存储知识的学科体系的课程，还应该有一个应用知识的行动体系的课程。也就是说，存在一个基于行动体系的课程内容的排序方式。

基于行动体系课程的排序结构，就是工作过程。它所关注的是工作的对象、方式、内容、方法、组织以及工具的历史发展。按照工作过程排序的课程，是基于知识应用的课程，关注的是做事的过程、行动的过程。所以，教学过程或学习过程与工作过程的对接，已成为当今职业教育课程改革的共识。

但是，对于实际的工作过程，若仅经过一次性的教学化的处理后就用于教学，很可能只是复制了一个具体的工作过程。这里，从复制一个学科知识的仓库到复制一个具体工作过程，尽管是向应用知识的实践转化，然而由于没有一个比较、迁移、内化的过程，学生很难获得可持续发展的能力。根据教育心理学"自迁移、近迁移和远迁移"的规律，以及中国哲学"三生万物"的思想，将实际的工作过程，按照职业成长规律和认知学习规律，予以三次以上的教学化处理，并演绎为三个以上的有逻辑关系的、用于教学的工作过程，强调通过比较学习的方式，实现迁移、内化，进而使学生学会思考，学会发现、分析和解决问题，掌握资讯、计划、决策、实施、检查、评价的完整的行动策略，将大大促进学生的可持续发展。所以，借助具体工作过程——"小道"的学习及其方法的习得实践，去掌握思维的工作过程——"大道"的思维和方法论，将使学生能够从容应对和处置未来可能面对的新的工作。

近年来，随着教学改革的深入，我国的职业教育正是在遵循"行动导向"的教学原则，强调"为了行动而学习""通过行动来学习"和"行动就是学习"的教育理念，学习和借鉴国内外职业教育课程改革成功经验的基础之上，有所创新，形成了"工作过程系统化的课程"开发理论和方法。现在这已为广大职业院校一线教师所认同、所实践。

烹饪专业是以手工技艺为主的专业，比较适合以形象思维见长、善于动手的职业教育学校学生。烹饪专业学生的职业成长具有自身的独特规律，如何借鉴工作过程系统化课程理论及其开发方法，构建符合该专业特点的特色课程体系，是一个非常值得深入探究的课题。

令人欣喜的是，有着30年烹饪办学经验的北京市劲松职业高中，作为我国职业教育领域中一所很有特色的学校，这些年来，在烹饪专业课程教学的改革领域进行了全方位的改革与探索。学校通过组建由烹饪行业专家、职业教育课程专家和一线骨干教师构成的课程改革团队，在科学的调研和职业岗位分析的基础上，确立了对烹饪人才的技能、知识和素质方面的培训要求，并结合该专业的特点，构建了烹饪专业工作过程系统化的理论与实践一体化的课程体系。

基于我国教育的实际情况，北京市劲松职业高中在课程开发的基础上，编写了一套烹饪专业的工作过程系统化系列教材。这套教材以就业为导向，着眼于学生综合职业能力的培养，以学生为主体，注重"做中学，做中教"，其探索执着，成果丰硕，主要特色有以下几点：

（1）按照现代烹饪行业岗位群的能力要求开发课程体系。

该课程及其教材遵循工作过程导向的原则，按照现代烹饪岗位及岗位群的能力要求，确定典型工作任务，并在此基础上对实际的工作任务和内容进行教学化的处理、加工与转化，通过进一步的归纳和整合，开发出基于工作过程的课程体系，以使学生学会在真实的工作环境中，运用知识和岗位间协作配合的能力，为学生未来顺利适应工作环境和今后职业发展奠定坚实的基础。

（2）按照工作过程系统化的课程开发方法设置学习单元。

该课程及其教材根据工作过程系统化的课程开发路线，以现代烹饪企业的厨房基于技法细化岗位内部分工的职业特点及职业活动规律，以真实的工作情境为背景，选取最具代表性的经典菜品、制品或原料作为任务、单元或案例性载体的设计依据，按照由易到难、由基础到综合的递进式逻辑顺序，构建了三个以上的学习单元（即"学习情境"），体现了学习内容序化的系统性。

（3）对接现代烹饪行业和企业的职业标准确定评价标准。

该课程及其教材针对现代烹饪行业的人才需求，融入现代烹饪企业岗位或岗位群的工作要求，对接行业和企业标准，培养学生的实际工作能力。在理实一体化的教学层面，以工作过程为主线，夯实学生的技能基础；在学习成果的评价层面，融入烹饪职业技能鉴定标准，强化练习与思考环节，通过专门设计的技能考级的理论与实操试题，全面检验学生的学习效果。

这套基于工作过程系统化的教材的编写和出版，是职业教育领域深入开展课程和教材改革的新成效的具体体现，是具有多年实践经验和教改成果的劲松职业高中的新贡献。我很荣幸将北京劲松职业高中开发的课程和编写的教材，介绍、推荐给读者。

我相信，北京市劲松职业高中在课程开发中的有益探索，一定会使这套教材的出版得到读者的青睐，也一定会在职业教育课程和教学的改革与发展中，起到引领、标杆的作用。

我希望，北京市劲松职业高中开发的课程及其教材，在使用的过程中，通过教学实践的检验和实际问题的解决，不断得到改进、完善和提高，为更多精品课程教材的开发夯实基础。

我也希望，北京市劲松职业高中业已形成的探索、改革与研究的作风，能一以贯之，在建立具有我国特色的职业教育和高等职业教育的课程体系的改革之中做出更大的贡献。

改革开放以来，职业教育为中国经济社会的发展做出了普通教育不可替代的贡献，不仅为国家的现代化培养了数以亿计的高素质劳动者和技能型人才，而且在提高教育质量的改革中，职业教育创新性的课程开发的成功经验与探索——从基于知识存储的结果形态的学科知识系统化的课程范式，走向基于知识应用的过程形态的工作过程的课程范式，大大丰富了我国教育的理论与实践。

历史必定会将职业教育的"功勋"，铭刻在其里程碑上。

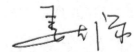

前 言

PREFACE

  《西餐冷菜制作》是职业学校西餐烹饪专业学生必修的一门专业核心课程。在与行业、企业专家和一线工作人员座谈、调研的基础上，本教材根据《国家中长期教育改革和发展规划纲要》"以服务为宗旨，以就业为导向，推进教育教学改革"的要求，贯彻落实党的二十大精神，"加强和改进未成年人思想道德建设"；对西餐冷菜厨房实际工作岗位中的典型工作内容进行遴选、整合、编排，坚持从企业岗位的实际需要出发，以培养学生的综合职业能力为核心，弘扬劳动精神、创造精神、勤俭节约精神，按照教学要求将西餐冷菜厨房中的典型工作任务按从简到难的顺序进行了编排。

  《西餐冷菜制作》共分为5个工作单元，主要包括基础蔬菜沙拉的制作、组合沙拉的制作、基础开胃头盘沙拉的制作、复合开胃头盘沙拉的制作和小吃类菜肴的制作。其中单元一~单元四各包含4个任务，单元五包含3个任务，总计19个任务，共216课时。本书部分图片资料来自百度图库，编写时主要参考了王天佑老师的《现代西餐烹调教程》，在此致以诚挚的谢意。

  《西餐冷菜制作》单元导读部分主要包括单元内容、单元简介、单元要求、单元目标4个部分。本教材在单元一的单元导读中单独添加了西餐冷菜厨房介绍、西餐厨房的组织结构、西餐冷菜制作的特点、西餐冷菜制作的注意事项4个部分，让读者在开始学习时增加对西餐冷菜的了解。

  每个任务的编排设置了任务描述、相关知识、成品标准、任务内容、评价标准、拓展任务、知识链接、课后作业8个环节。在学习知识、训练技能的同时，注重方法能力和社会能力的培养。

本教材具有以下特色：

（1）本教材以企业典型工作任务为载体，将理论与实践紧密结合，以工作过程为主线，渗透职业规范和要求，结合了当前西餐行业的新技术、新工艺和新材料。

（2）图文并茂、形象直观。将任务工作过程分解，穿插、运用大量图片，简化文字描述，让读者一目了然。

（3）任务内容设置了具体的准备和操作步骤，既有课堂实训、检测评价，又有课后创新实践训练和相关知识技能的拓展，将课前自主学习、课堂实训与课后训练很好地结合，条理简单、清晰，内容专业、实用。

本教材由王跃辉主编，主要负责单元四、单元五的编写和全教材统稿；郑革负责单元二、单元三的编写；宗辉负责单元一和部分专业资料的收集。教材在编写过程中，得到了北京市劲松职业高中领导的热情关怀和大力支持，特别是杨志华、范春玥同志的帮助，在此致以深深的谢意。

本教材编写中的遗漏和欠妥之处，甚至失误之处很难避免，真诚希望专家、同行和读者批评指正，以便本教材修订时充实改进，使之日渐完善。

编　者

目录
CONTENTS

单元一　基础蔬菜沙拉的制作

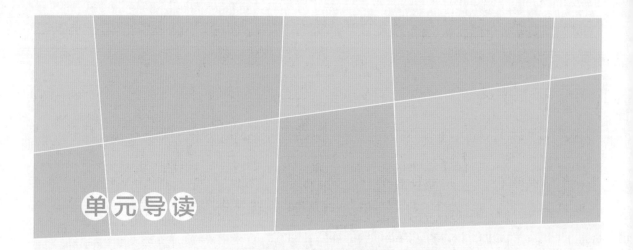

单元导读

一、单元内容

沙拉是英文单词（salad）的音译，是西餐冷菜厨房（cold kitchen）中冷制冷吃、热制冷吃和冷热组合菜肴的统称，包括基础蔬菜沙拉和组合沙拉两大类别。作为传统西餐的开胃菜肴，沙拉的主要原料是绿叶类蔬菜。但是现代沙拉在西方国家饮食中的作用越来越重要，它根据需要可以作为开胃菜（appetizer）、主菜（main course），还可以作为辅助菜（side dish）和甜食类（dessert）菜肴。

现在沙拉的原料从过去的简单原料发展为各种畜肉、禽肉、水产品、蔬菜、蛋类、水果、干果、奶酪，甚至谷物等。要求原料新鲜细嫩，加工和制作过程严格按照操作规范，符合卫生要求。

沙拉作为一道菜肴，通常包括4个组成部分：底菜、主体菜、装饰菜或配菜、调味酱汁。一般情况下4个组成部分在菜肴中可以明显分辨出来，有时混合在一起，有时会省略底菜或装饰菜。

二、单元简介

本单元学习的是基础蔬菜沙拉的制作，这类沙拉主要由普通蔬菜类沙拉7个子任务和绿叶蔬菜类沙拉3个任务组成。

1.普通蔬菜类沙拉

普通蔬菜类沙拉的常用原料有圆白菜（洋白菜、卷心菜）、紫甘蓝、胡萝卜、白萝卜、黄瓜、西红柿、嫩豆角、蘑菇等。这类沙拉一般将上述原料切成各种美观并且方便食用的形状,用盐或糖腌入味,控去多余的水分,用醋或柠檬汁、胡椒粉、奶油或橄榄油拌制单独盛装即可。普通蔬菜类沙拉很少用某一种原料单独成菜,主要用于沙拉自助餐(salad buffet)或配有绿叶生菜,加由冷菜厨房制作的酱汁,由3~5种沙拉组合而成的餐盘,作为辅助菜由服务员送到客人面前搭配禽肉类主菜。

2. 绿叶蔬菜类沙拉

绿叶蔬菜类沙拉使用新鲜的生菜或其他绿叶青菜为主要原料,以生菜类(lettuce)为主,包括罗马生菜(cos lettuce/romainelettuce)、球生菜(crispheadlettuce)、菊苣类生菜(chicory)、菠菜(spinach)和水芹(watercress)等。代表菜肴有田园蔬菜沙拉(seasonalgardensalad)、凯撒沙拉(Caesar salad)和华道夫沙拉(Waldorf salad)等。

三、单元要求

本单元的工作任务要在与酒店厨房工作岗位一致的实训环境中完成。学生通过实训,能够初步体验并适应冷菜厨房的工作环境;能够按照冷菜厨房岗位工作流程完成工作任务,并在工作中培养合作意识、安全意识和卫生意识。

四、单元目标

了解基础蔬菜沙拉的特点、原料与种类,初步掌握基础蔬菜沙拉的制作方法,熟悉基础蔬菜沙拉的制作要求,并能够在实际工作岗位中熟练应用。

五、相关知识

1. 西餐冷菜厨房介绍

传统西餐冷菜厨房的工作岗位和工作内容是鱼、禽、家畜的宰杀,去鳞和毛皮,洗涤,并按照使用要求把原料加工成不同的规格和形状,供其他厨房使用;同时还要择洗、加工准备制作冷菜厨房菜肴的生菜、蔬菜等原料和酱汁;为其他厨房加工制作装饰料和小料;负责早餐自助餐、沙拉自助餐的准备、加工、制作和管理。从工作内容上看,西餐冷菜厨房在整个西餐厨房中的地位是非常重要的。

但是，随着科学技术的不断进步、社会的不断发展，以及受经济因素的影响，鱼、禽、家畜类原料的初加工除特殊需要外，绝大部分都由专门的工厂进行加工。因为工业化的生产加工可以尽最大可能降低成本、合理利用原材料并创造出更大的经济价值，因此，现代西餐冷菜厨房的工作任务便省去了对活鱼、禽、家畜的宰杀等初加工工作，主要负责本厨房菜肴原料和酱汁的加工、准备，以及早餐和沙拉自助餐的准备、制作和管理。很多大、中型酒店厨房都单独设置了肉类原料加工间来专门做这个工作。

2. 西餐厨房的组织结构

西餐厨房人员的构成和其他类型厨房基本一致。西餐厨房人员主要由厨工、厨师和厨师长等组成，其组织和人员结构根据厨房规模大小而不尽相同。一般中、小型厨房由于生产规模小，人员较少，分工较粗，厨师长和厨师都可能身兼数职，从事厨房的各种产品加工工作。大型厨房生产规模大，部门齐全，人员多，分工细，其组织结构复杂。

行政总厨：全面负责整个厨房的日常工作，制定菜单及菜谱，检测菜点质量，负责厨房的烹饪和餐厅的食品供应等生产活动，包括各种宴会和各种饮食活动。

行政副总厨：协助行政总厨的日常工作，参与菜单和菜谱的制定，负责对菜点质量进行检查，负责厨房的菜点制作和食品供应等工作。

厨师领班/主管：主要负责厨房的某一部门管理，负责本部门人员的工作安排和菜点烹调，控制菜点的质量等。

少司厨师：主要负责制作厨房所需的各种基础汤、基础少司、热少司等。

岗位厨师：负责厨房的某一个具体的烹饪操作岗位。

汤菜厨师：主要负责各种奶油汤、清汤、肉羹、蔬菜汤等汤菜菜肴的制作。

烤扒厨师：主要负责烤、铁扒、串烧等菜肴的制作。烤扒厨师是经过全面专业技术培训、技术高超、经验丰富的厨师。

蔬菜厨师：主要负责厨房所需的各种蔬菜的清洗、整理及蔬菜菜肴的制作。

替班厨师：接替因厨师休息等原因出现空缺的岗位。替班厨师应是技术全面、擅长各个烹饪岗位的厨师。

冷菜厨师：主要负责冷菜部的管理，监督并进行冷调味汁、沙拉、部分开胃菜的制作和水果、冷盘的切配及冷菜菜肴的装饰等。

饼房厨师：主要负责各种面包及冷、热、甜、咸点心等的制作。

面包厨师：主要负责各色面包、餐包、煎包等的制作。

肉类加工厨师：主要负责鱼、禽、家畜类原料及海鲜原料的初加工，各种猪排、牛排、羊排等原料的分档。

黄油冰雕厨师：主要利用黄油、冰块等材料，制作用于各种宴会装饰或烘托氛围的黄油雕、冰雕等。

3. 西餐冷菜制作的特点

西餐冷菜具有美味爽口、清凉不腻、制法独特、点缀漂亮、种类繁多、营养丰富的特点。西餐冷菜制作是一门烹调的艺术，容器花样繁多，讲究摆盘艺术，在夏季以及气候炎热的地带，制作精细的冷菜能使人有清凉爽快的感觉，并能够刺激食欲。属于西餐冷菜的有沙拉、开胃小吃和各种冷肉类，这些菜肴往往选用蔬菜、鱼、虾、鸡、鸭等原料制作而成，具有很高的营养价值。其中火腿、奶酪、鱼子、鱼及家禽、野禽等都含有大量的蛋白质，而各种沙拉和冷菜的配菜，如番茄，草莓和其他新鲜的蔬菜、水果等原料，是维生素和矿物质的主要来源。

西餐冷菜在加工制作过程中要注意以下几方面：

（1）烹调上的特点。

西餐冷菜比一般的热菜的口味要稍微重一些，具有一定的刺激性，这样有利于刺激人的味蕾，增加食欲。在调味上注意突出酸、辣、咸、甜和烟熏味等。有些海鲜是生吃的，如红鱼子、黑鱼子、生蚝、三文鱼，还有一些火腿、香肠也都是生吃的，如帕尔玛火腿、萨拉米等。

（2）加工上的特点。

西餐冷菜切配精细，布局整齐，荤素搭配适当，色调美观大方。一般热菜是先切配后烹调，而西餐冷菜是先烹调后切配。切配的时候要根据食物的性质灵活进行，落刀的轻重缓急要有分寸，刀工的速度要缓慢。

（3）装盘的特点。

摆正主菜和配菜的位置关系，上宴会的西餐冷菜还可以用蔬菜做成的花作为点缀，但不可以使菜品超出盘边，或使酱汁溅落在盘边，应根据西餐冷菜的特点，选用适当的器具。

（4）制作时间上的特点。

西餐冷菜的制作不同于热菜，热菜要求现场制作，趁热供给客人食用，而西餐冷菜一般需要提前制作，冷却后供给客人食用。要求供应有速度，方便出菜。

4. 西餐冷菜制作的注意事项

1）卫生方面

卫生是食品生产的主要问题，尤其是制作西餐冷菜，更要注意卫生。因为西餐冷菜具有不进行高温加热烹调、直接入口的特点，所以从制作到拼盘、摆盘、装盘的每一个环节都必须注意清洁卫生，防止有害物质污染。

（1）原料卫生。

西餐冷菜的选料一般比热菜讲究，各种蔬菜、水果、海鲜、禽蛋、肉类等均要求原料新鲜，外形完好，对于生食的原料还要进行消毒处理。

（2）用具卫生。

在制作西餐冷菜的过程中，凡是接触食物的用具、器具都要小心，尤其是刀、砧板、餐具都要进行消毒，生熟分开。抹布应经常消毒。

（3）环境卫生。

环境卫生主要指冷菜间和冰箱卫生。冷菜间要保持清洁，无苍蝇、无蟑螂等，要装灭蝇灯及紫外线消毒灯。冰箱应清洁无异味。

（4）装盘卫生。

餐具要高温消毒。在装盘过程中尽量避免用手接触食物，不是立即食用的菜品要用保鲜纸封好后放入冰箱冷藏。

2）调味方面

西餐冷菜多数作为开胃菜，因此在味道上要比其他菜肴重一些。要呈现比较突出的酸、甜、苦、辣、咸或烟熏等富有刺激的味道。口感上侧重脆，要达到爽口开胃、刺激食欲的效果。

3）刀工方面

西餐冷菜的刀工基本要求是光洁整齐，切配精细，拼摆整齐，造型美观，色调和谐，给人以美的享受。

4）装盘方法

西餐冷菜的装盘要求造型美观大方，色调高雅和谐，主次分明。可适当点缀，但不要繁杂，注意盘边卫生，不可有油污、水迹，成品要美观。西餐冷菜的冷藏温度应保持为5℃~8℃，食用最佳温度以10℃~12℃为宜。

任务一　普通蔬菜类沙拉的制作

一、任务描述

[内容描述]

圆白菜（洋白菜、卷心菜）、紫甘蓝、胡萝卜、白萝卜、黄瓜、西红柿、嫩豆角、蘑菇等是普通蔬菜沙拉（vegetables salad）的常用原料，一般将其切成各种美观并且方便食用的形状，然后用盐或糖腌制入味，控去多余的水分后，先后加入醋或柠檬汁、胡椒粉、奶油或橄榄油拌制后单独盛装即可。该类沙拉一般用两种及以上的原料制作成菜，主要用于沙拉自助餐，或者配有绿叶生菜，加由冷菜厨房制作的酱汁，由3~5种沙拉组合而成的餐盘，作为辅助菜由服务员送到客人面前搭配禽肉类主菜。

[学习目标]

（1）正确掌握选用、加工普通蔬菜类沙拉常用的原料。

（2）熟练运用相关工具设备、加工方法和成形技法。

（3）依照普通蔬菜类沙拉的制作流程在规定时间内制作完成菜品。

（4）形成良好的卫生习惯并自觉遵守行业规范。

二、相关知识

一般蔬菜的常用加工方法如下。

1. 根茎类蔬菜

常见的有土豆、萝卜、洋葱等。加工方法：

（1）去外皮。

（2）清洗。

（3）按相关规格加工成形。

由于土豆中含鞣酸较多，为避免去皮后被氧化，发生褐变，土豆去皮后应及时洗涤，然后用冷水浸泡，以隔离空气。洋葱含有较多的挥发性葱素，对眼睛刺激较大，为减弱刺激，洋葱可以冷藏后再切配，这样葱素的挥发会相对减少。

2．瓜果类蔬菜

常见的有黄瓜、番茄、青椒、甜椒等。

加工方法：

（1）清洗。对于黄瓜、番茄等生食，需用0.3%的高锰酸钾溶液浸泡5分钟。

（2）削皮或去籽。黄瓜、茄子等需要削皮，甜椒、青椒等需要去蒂、去籽。

3．豆类蔬菜

常见的有四季豆、荷兰豆、豌豆等。

加工方法：

（1）去蒂或去顶尖，撕去侧筋。

（2）清洗。

常用蔬菜沙拉的制作

任务1-1
白萝卜沙拉的制作

一、成品标准

白萝卜沙拉（radish salad，如图1-1-1所示）中白萝卜丝粗细均匀，水分被控干，与淡奶油搅拌均匀后其颜色发白，放入口中有浓郁的奶油香味，略带一点酸味。

图1-1-1　白萝卜沙拉

二、任务内容

1. 准备制作工具

制作工具见表1-1-1。

表1-1-1　制作工具

菜板 chopped board	分刀 kitchen knife	料理碗 cooking bowl
餐勺 spoon	玻璃碗 glass bowl	—

2. 准备制作原料

制作原料如图1-1-2。

白萝卜
radish

淡奶油
whipping cream

白葡萄酒醋
white vinegar

图1-1-2　制作原料

盐 salt	
胡椒粉 pepper powder	

图1-1-2　制作原料（续）

3. 制作流程

制作流程如图1-1-3所示。

步骤一：
将洗净的白萝卜去皮，然后切成均匀的细丝。

步骤二：
用食盐将切好的白萝卜丝腌渍，时间为15~30分钟。

步骤三：
将腌渍完的白萝卜丝控干水分，放在干净的器皿内。

步骤四：
加入白葡萄酒醋、淡奶油、胡椒粉、盐进行搅拌，让白萝卜丝与调料混合均匀即可。
提示：因在腌渍时已经加入盐，搅拌时应根据口味适量加入盐。

图1-1-3　制作流程

三、评价标准

要求：独立制作完成白萝卜沙拉，见表1-1-2。

表1-1-2　白萝卜沙拉制作实训评价

时间：＿＿＿＿＿＿＿　姓名：＿＿＿＿＿＿＿　综合评价：＿＿＿＿＿＿＿

内容	要求	配分	互评	教师评价
原料选择	质量好	5分	5（　　）	5（　　）
	质量一般		3（　　）	3（　　）
	质量不好		1（　　）	1（　　）
口味	适中	15分	15（　　）	15（　　）
	淡薄		10（　　）	10（　　）
	浓厚		5（　　）	5（　　）
色泽	适中	10分	10（　　）	10（　　）
	清		7（　　）	7（　　）
	重		4（　　）	4（　　）
汁量	适中	5分	5（　　）	5（　　）
	多		3（　　）	3（　　）
	少		1（　　）	1（　　）
加工时间	适中	10分	10（　　）	10（　　）
	过长		7（　　）	7（　　）
	过短		3（　　）	3（　　）
独立操作	独立	5分	5（　　）	5（　　）
	协作完成		3（　　）	3（　　）
	指导完成		1（　　）	1（　　）
卫生	干净	10分	10（　　）	10（　　）
	一般		7（　　）	7（　　）
	差		3（　　）	3（　　）
准备工作	充分	15分	15（　　）	15（　　）
	较差		10（　　）	10（　　）
	极差		5（　　）	5（　　）
下料处理	好	10分	10（　　）	10（　　）
	不当		7（　　）	7（　　）
	差		3（　　）	3（　　）
操作工序	规范	15分	15（　　）	15（　　）
	一般		10（　　）	10（　　）
	不规范		5（　　）	5（　　）
综合成绩	A优	B良	C合格	D待合格
	85-100分	75-85分	60-75分	59分及以下

四、拓展任务

用橄榄油替换淡奶油,独立制作完成一份白萝卜沙拉,并请同学、老师作出评价,见表1-1-3。

表1-1-3　实习训练评价

训练环节	分值	实训要点	学生评价	教师评价	综合评价
制作工具及制作原料准备	15分	准备制作工具及制作原料			
遵守操作工序	15分	合理安排时间和操作顺序,工作规范			
技能操作	40分	切配辅料(10分)			
		加工主料(10分)			
		调味搅拌(10分)			
		完成制作(10分)			
清洁物品	10分	清洁工具、操作台等			
制作时间	10分	30分钟			
成品菜肴	10分	造型美观、有新意,口味合适			

五、知识链接

吃沙拉的讲究

生菜充分沥干水分后口感会更佳。在餐厅吃沙拉有两种常见情况:一种是自助式的沙拉吧,随吃随取;另外一种是由后厨房设计制作成盘餐,由服务员送至客人的餐桌上。

六、课后作业

1.查找网络或相关书籍

(1)还可以用哪种油制作白萝卜沙拉?

(2)制作普通蔬菜类沙拉时为什么先将蔬菜用盐腌渍?

2.练习

在课余或周末,以应季蔬菜为原料,为你的朋友、家人制作一份普通蔬菜类沙拉,请他们写出品尝感受。

任务1-2
扁豆沙拉的制作

一、成品标准

制作扁豆沙拉（haricot bean salad，如图1-1-4所示）时，扁豆一定要煮熟后在汤汁中浸泡至冷却再取出加工，扁豆段应长短一致，水分一定要控干。

图1-1-4　扁豆沙拉

二、任务内容

1. 准备制作工具

制作工具见表1-1-4。

表1-1-4　制作工具

菜板 chopping board	分刀 kitchen knife	料理碗 cooking bowl
餐勺 spoon	玻璃碗 glass bowl	—

2. 准备制作原料

制作原料如图1-1-5所示。

扁豆 haricot bean	洋葱 onion	盐 salt
香叶 bay-leaf	胡椒粉 pepper powder	油醋汁 vinaigrette

图1-1-5　制作原料

3. 制作流程

制作流程如图1-1-6所示。

步骤一：
将扁豆去筋后清洗。

步骤二：
在沸水中加入盐、香叶、胡椒粒和清洗好的扁豆进行煮制，将扁豆煮熟后浸泡15~20分钟，捞出后控干水分，晾凉备用。

步骤三：
将晾好的扁豆切成6厘米长的段，放入干净的器皿中。

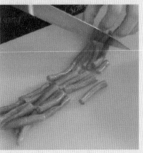

步骤四：
将扁豆与洋葱末、油醋汁混合，搅拌均匀。
提示：扁豆一定要煮熟、煮透，以免食用中毒，但不要煮烂，以免影响整体效果。

图1-1-6　制作流程

三、评价标准

要求：独立制作完成扁豆沙拉，见表1-1-5。

表1-1-5　扁豆沙拉制作实训评价

时间：_____　姓名：_____　综合评价：_____

内容	要求	配分	互评	教师评价
原料选择	质量好	5分	5（　　）	5（　　）
	质量一般		3（　　）	3（　　）
	质量不好		1（　　）	1（　　）
口味	适中	15分	15（　　）	15（　　）
	淡薄		10（　　）	10（　　）
	浓厚		5（　　）	5（　　）
色泽	适中	10分	10（　　）	10（　　）
	清		7（　　）	7（　　）
	重		4（　　）	4（　　）
汁量	适中	5分	5（　　）	5（　　）
	多		3（　　）	3（　　）
	少		1（　　）	1（　　）
加工时间	适中	10分	10（　　）	10（　　）
	过长		7（　　）	7（　　）
	过短		3（　　）	3（　　）
独立操作	独立	5分	5（　　）	5（　　）
	协作完成		3（　　）	3（　　）
	指导完成		1（　　）	1（　　）
卫生	干净	10分	10（　　）	10（　　）
	一般		7（　　）	7（　　）
	差		3（　　）	3（　　）
准备工作	充分	15分	15（　　）	15（　　）
	较差		10（　　）	10（　　）
	极差		5（　　）	5（　　）
下料处理	好	10分	10（　　）	10（　　）
	不当		7（　　）	7（　　）

续表

内容	要求	配分	互评	教师评价
下料处理	差		3（ ）	3（ ）
操作工序	规范	15分	15（ ）	15（ ）
	一般		10（ ）	10（ ）
	不规范		5（ ）	5（ ）
综合成绩	A优	B良	C合格	D待合格
	85–100分	75–85分	60–75分	59分及以下

 ## 四、拓展任务

用橄榄油代替油醋汁，独立制作完成一份扁豆沙拉，并请同学、老师作出评价，见表 1–1–6。

表1–1–6 实习训练评价

训练环节	分值	实训要点	学生评价	教师评价	综合评价
制作工具及制作原料准备	15分	准备制作工具及制作原料			
遵守操作工序	15分	合理安排时间和操作顺序，工作规范			
技能操作	40分	切配辅料（10分）			
		加工主料（10分）			
		调味搅拌（10分）			
		完成制作（10分）			
清洁物品	10分	清洁工具、操作台等			
制作时间	10分	30分钟			
成品菜肴	10分	造型美观、有新意，口味合适			

五、知识链接

切洋葱时如何避免"泪流满面"

只要将洋葱去皮，洗净后放入冰箱冷藏4小时，等洋葱中刺激眼睛的汁液减少后再处理，就不会在切洋葱时"泪流满面"。如果要避免手上留有洋葱味，配戴食品加工专用的一次性手套就解决手上"余味留香"的困扰了。

六、课后作业

1. 查找网络或相关书籍

（1）为什么扁豆要煮熟了才能吃？

（2）为什么要将煮熟的扁豆泡在汤汁中？

（3）制作扁豆沙拉时为什么要放入洋葱碎？

2. 练习

在课余或周末，为你的朋友、家人制作一份扁豆沙拉，请他们写出品尝感受。

任务1-3
胡萝卜沙拉的制作

 一、成品标准

胡萝卜沙拉（carrot salad，如图1-1-7所示）中胡萝卜丝粗细均匀，颜色鲜艳，入口后酸甜爽口，且有浓郁的橙子味。

图1-1-7　胡萝卜沙拉

 二、任务内容

1. 准备制作工具

制作工具见表1-1-7。

表1-1-7　制作工具

菜板 chopping board	分刀 kitchen knife	料理碗 cooking bowl
餐勺 spoon	刮皮刀 peeler	—

2. 准备制作原料

制作原料如图1-1-8所示。

图1-1-8　制作原料

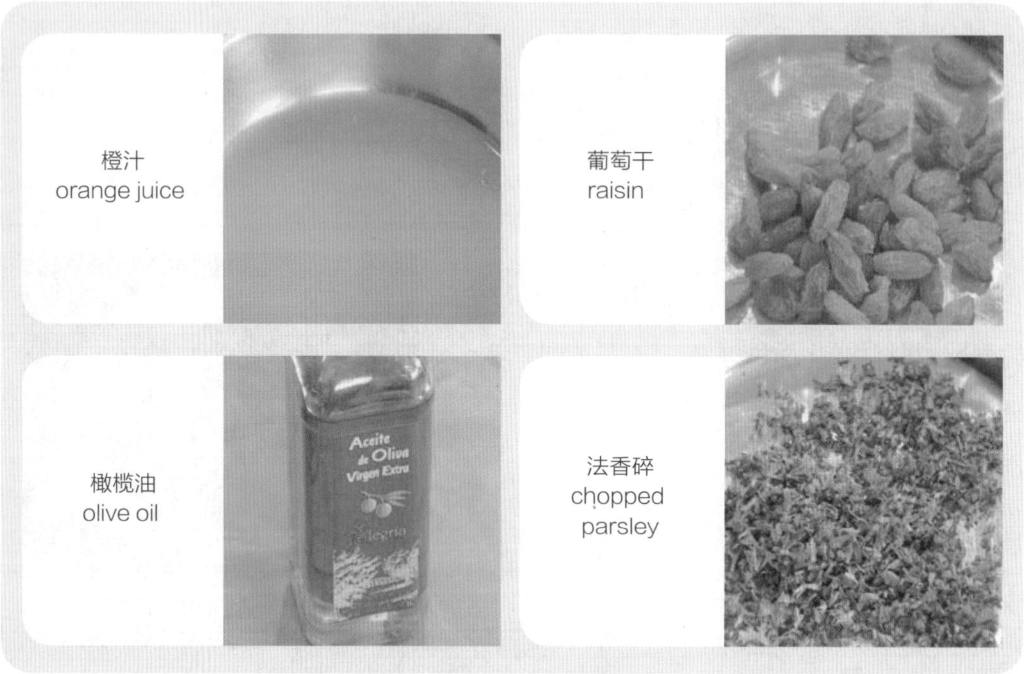
橙汁
orange juice
葡萄干
raisin
橄榄油
olive oil
Aceite de Oliva Virgen Extra
法香碎
chopped
parsley

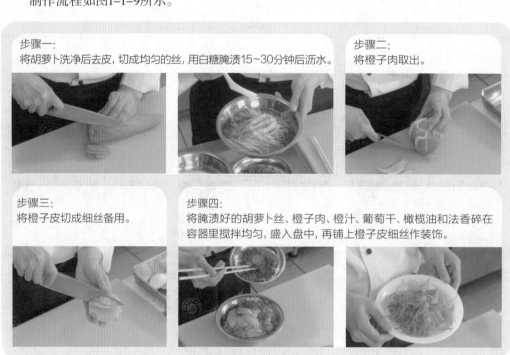

图1-1-8　制作原料（续）

3. 制作流程

制作流程如图1-1-9所示。

步骤一:
将胡萝卜洗净后去皮，切成均匀的丝，用白糖腌渍15~30分钟后沥水。
步骤二:
将橙子肉取出。
步骤三:
将橙子皮切成细丝备用。
步骤四:
将腌渍好的胡萝卜丝、橙子肉、橙汁、葡萄干、橄榄油和法香碎在容器里搅拌均匀，盛入盘中，再铺上橙子皮细丝作装饰。

图1-1-9　制作流程

三、评价标准

要求：独立制作完成胡萝卜沙拉，见表1-1-8。

表1-1-8　胡萝卜沙拉制作实训评价

时间：＿＿＿＿＿＿＿　姓名：＿＿＿＿＿＿＿　综合评价：＿＿＿＿＿＿＿

内容	要求	配分	互评	教师评价
原料选择	质量好	5分	5（　　　）	5（　　　）
	质量一般		3（　　　）	3（　　　）
	质量不好		1（　　　）	1（　　　）
口味	适中	15分	15（　　　）	15（　　　）
	淡薄		10（　　　）	10（　　　）
	浓厚		5（　　　）	5（　　　）
色泽	适中	10分	10（　　　）	10（　　　）
	清		7（　　　）	7（　　　）
	重		4（　　　）	4（　　　）
汁量	适中	5分	5（　　　）	5（　　　）
	多		3（　　　）	3（　　　）
	少		1（　　　）	1（　　　）
加工时间	适中	10分	10（　　　）	10（　　　）
	过长		7（　　　）	7（　　　）
	过短		3（　　　）	3（　　　）
独立操作	独立	5分	5（　　　）	5（　　　）
	协作完成		3（　　　）	3（　　　）
	指导完成		1（　　　）	1（　　　）
卫生	干净	10分	10（　　　）	10（　　　）
	一般		7（　　　）	7（　　　）
	差		3（　　　）	3（　　　）
准备工作	充分	15分	15（　　　）	15（　　　）
	较差		10（　　　）	10（　　　）
	极差		5（　　　）	5（　　　）

续表

内容	要求	配分	互评	教师评价
下料处理	好	10分	10（　　）	10（　　）
	不当		7（　　）	7（　　）
	差		3（　　）	3（　　）
操作工序	规范	15分	15（　　）	15（　　）
	一般		10（　　）	10（　　）
	不规范		5（　　）	5（　　）
综合成绩	A优	B良	C合格	D待合格
	85-100分	75-85分	60-75分	59分及以下

四、拓展任务

用其他水果和果汁替换橙子和橙汁，独立制作完成一份胡萝卜沙拉，并请同学、老师作出评价，见表1-1-9。

表1-1-9　实习训练评价

训练环节	分值	实训要点	学生评价	教师评价	综合评价
制作工具及制作原料准备	15分	准备制作工具及制作原料			
遵守操作工序	15分	合理安排时间和操作顺序，工作规范			
技能操作	40分	切配辅料（10分）			
		加工主料（10分）			
		调味搅拌（10分）			
		完成制作（10分）			
清洁物品	10分	清洁工具、操作台等			
制作时间	10分	30分钟			
成品菜肴	10分	造型美观、有新意，口味合适			

🍳 五、知识链接

胡萝卜怎么吃有营养？

胡萝卜一般烹煮后食用，保证其营养的最佳烹调方法有两种：其一是把切成块状的胡萝卜加入调味品后用充足的油炒；其二是把切成块状的胡萝卜加入调味品后，与猪肉、牛肉、羊肉等一起用压力锅炖15~20分钟。要注意胡萝卜素容易被氧化，如果要使胡萝卜素的保存率高达97%，烹调时需用压力锅炖，以减少胡萝卜与空气的接触。

🍳 六、课后作业

1.查找网络或相关书籍

(1)胡萝卜中哪种维生素含量最多？

(2)哪种口味的胡萝卜沙拉最好吃？

(3)制作胡萝卜沙拉时为什么先用白糖腌渍胡萝卜？

2.练习

在课余或周末，为你的朋友、家人制作一份胡萝卜沙拉，请他们写出品尝感受。

任务1-4
土豆沙拉的制作

一、成品标准

蒸土豆时间不宜过长，蒸熟即可，另外削片不宜过厚，否则浓郁的牛肉汤的味道很难渗入土豆里，土豆沙拉（potato salad）成品如图1-1-10所示。

图 1-1-10　土豆沙拉

二、任务内容

1. 准备制作工具

制作工具见表1-1-10。

表1-1-10　制作工具

菜板 chopping board	分刀 kitchen knife	料理碗 cooking bowl
餐勺 spoon	小刀 hand knife	

2. 准备制作原料

制作原料如图1-1-11所示。

土豆 potato	牛肉汤 beef soup	红葡萄酒醋 red wine vinegar

图 1-1-11　制作原料

洋葱 onion	芥末酱 mustard	法香碎 chopped parsley

胡椒粉 pepper powder	盐 salt	橄榄油 olive oil

图1-1-11　制作原料（续）

3. 制作流程

制作流程如图1-1-12所示。

步骤一： 将洗好的土豆上锅蒸熟，去皮后，用手刀削成可入口大小的片备用。提示：土豆最好带皮蒸制，如用水煮，土豆很容易吃水分，浓郁的牛肉汤的味道不易沁入土豆中。	步骤二： 将洋葱碎、芥末酱、红葡萄酒醋、盐、法香碎放入牛肉汤中搅拌均匀备用。	步骤三： 将备好的土豆片在牛肉汤中浸泡30分钟即可。

图1-1-12　制作流程

三、评价标准

要求：独立制作完成土豆沙拉，见表1-1-11。

表1-1-11　土豆沙拉制作实训评价

时间：＿＿＿＿＿＿　姓名：＿＿＿＿＿＿　综合评价：＿＿＿＿＿＿

内容	要求	配分	互评	教师评价
原料选择	质量好	5分	5（　）	5（　）
	质量一般		3（　）	3（　）
	质量不好		1（　）	1（　）
口味	适中	15分	15（　）	15（　）
	淡薄		10（　）	10（　）
	浓厚		5（　）	5（　）
色泽	适中	10分	10（　）	10（　）
	清		7（　）	7（　）
	重		4（　）	4（　）
汁量	适中	5分	5（　）	5（　）
	多		3（　）	3（　）
	少		1（　）	1（　）
加工时间	适中	10分	10（　）	10（　）
	过长		7（　）	7（　）
	过短		3（　）	3（　）
独立操作	独立	5分	5（　）	5（　）
	协作完成		3（　）	3（　）
	指导完成		1（　）	1（　）
卫生	干净	10分	10（　）	10（　）
	一般		7（　）	7（　）
	差		3（　）	3（　）
准备工作	充分	15分	15（　）	15（　）
	较差		10（　）	10（　）
	极差		5（　）	5（　）

续表

内容	要求	配分	互评	教师评价
下料处理	好	10分	10（　　　）	10（　　　）
	不当		7（　　）	7（　　）
	差		3（　　）	3（　　）
操作工序	规范	15分	15（　　）	15（　　）
	一般		10（　　）	10（　　）
	不规范		5（　　）	5（　　）
综合成绩	A优	B良	C合格	D待合格
	85～100分	75～85分	60～75分	59分及以下

◯ 四、拓展任务

（1）用沙拉酱替换牛肉汤，独立制作完成一份土豆沙拉，并请同学、老师作出评价，见表1-1-12。

表1-1-12　实习训练评价

训练环节	分值	实训要点	学生评价	教师评价	综合评价
制作工具及制作原料准备	15分	准备制作工具及制作原料			
遵守操作工序	15分	合理安排时间和操作顺序，工作规范			
技能操作	40分	切配辅料（10分）			
		加工主料（10分）			
		调味搅拌（10分）			
		完成制作（10分）			
清洁物品	10分	清洁工具、操作台等			
制作时间	10分	50分钟			
成品菜肴	10分	造型美观、有新意，口味合适			

（2）以小组为单位，灵活运用任务一中所学的一般普通蔬菜类沙拉的制作方法，设计、制作出不同形式的一般蔬菜自助餐，并让同学、老师作出评价，见表1-1-13。

表1-1-13   实习训练评价

训练环节	分值	实训要点	学生评价	教师评价	综合评价
制作工具及制作原料准备	15分	准备制作工具及制作原料			
遵守操作工序	15分	合理安排时间和操作顺序，工作规范			
技能操作	40分	切配辅料（10分）			
		加工主料（10分）			
		调味搅拌（10分）			
		完成制作（10分）			
清洁物品	10分	清洁工具、操作台等			
制作时间	10分	50分钟			
成品菜肴	10分	造型美观、有新意，口味合适			

五、知识链接

吃土豆会发胖吗？

吃土豆不会导致脂肪过剩，它仅含0.1%的脂肪，在所有充饥食物中是脂肪含量最低的。在每天的饮食中，如果多吃土豆，那么体内脂肪的摄入量便会减少，同时也会把身体内多余的脂肪代谢掉。同样，如果养成每天一餐仅吃土豆这一习惯，可以预防营养过剩或减去多余的脂肪，对身体很有益。

六、课后作业

1. 查找网络或相关书籍

（1）土豆去皮后为什么会变黑？

（2）土豆如何烹调口味和口感最好？

（3）制作土豆沙拉时还可以添加什么原料？

2. 练习

在课余或周末，以应季蔬菜为原料，为你的朋友、家人制作一份普通蔬菜类沙拉，请他们写出品尝感受。

任务1-5
圆白菜沙拉的制作

 一、成品标准

圆白菜沙拉（cabbage salad，如图1-1-13所示）中圆白菜丝粗细均匀，放入口中有鲜香适口的酸咸味，鲜脆爽口。

图1-1-13　圆白菜沙拉

 二、任务内容

1. 准备制作工具

制作工具见表1-1-14。

表1-1-14　制作工具

菜板 chopping board	分刀 kitchen knife	料理碗 cooking bowl
餐勺 spoon	—	—

2. 准备制作原料

制作原料如图1-1-14所示。

| 圆白菜
white cabbage | 芥末酱
mustard | 橄榄油
olive oil |

图1-1-14　制作原料

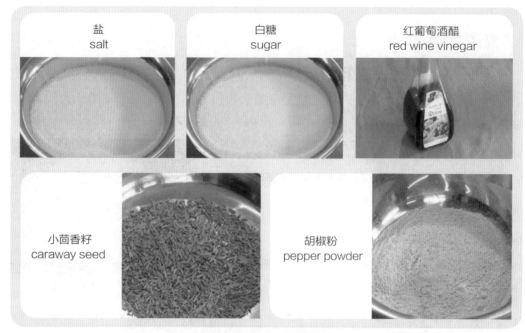

图1-1-14　制作原料（续）

3. 制作流程

制作流程如图1-1-15所示。

图1-1-15　制作流程

🍳 三、评价标准

要求：独立制作完成圆白菜沙拉，见表1-1-15。

表1-1-15 圆白菜沙拉制作实训评价

时间：_____ 姓名：_____ 综合评价：_____

内容	要求	配分	互评	教师评价
原料选择	质量好	5分	5（ ）	5（ ）
	质量一般		3（ ）	3（ ）
	质量不好		1（ ）	1（ ）
口味	适中	15分	15（ ）	15（ ）
	淡薄		10（ ）	10（ ）
	浓厚		5（ ）	5（ ）
色泽	适中	10分	10（ ）	10（ ）
	清		7（ ）	7（ ）
	重		4（ ）	4（ ）
汁量	适中	5分	5（ ）	5（ ）
	多		3（ ）	3（ ）
	少		1（ ）	1（ ）
加工时间	适中	10分	10（ ）	10（ ）
	过长		7（ ）	7（ ）
	过短		3（ ）	3（ ）
独立操作	独立	5分	5（ ）	5（ ）
	协作完成		3（ ）	3（ ）
	指导完成		1（ ）	1（ ）
卫生	干净	10分	10（ ）	10（ ）
	一般		7（ ）	7（ ）
	差		3（ ）	3（ ）

续表

内容	要求	配分	互评	教师评价
准备工作	充分	15分	15（　　）	15（　　）
	较差		10（　　）	10（　　）
	极差		5（　　）	5（　　）
下料处理	好	10分	10（　　）	10（　　）
	不当		7（　　）	7（　　）
	差		3（　　）	3（　　）
操作工序	规范	15分	15（　　）	15（　　）
	一般		10（　　）	10（　　）
	不规范		5（　　）	5（　　）
综合成绩	A优	B良	C合格	D待合格
	85~100分	75~85分	60~75分	59分及以下

四、拓展任务

（1）添加培根，独立制作完成一份圆白菜沙拉，并请同学、老师作出评价，见表1-1-16。

表1-1-16　实习训练评价

训练环节	分值	实训要点	学生评价	教师评价	综合评价
制作工具及制作原料准备	15分	准备制作工具及制作原料			
遵守操作工序	15分	合理安排时间和操作顺序，工作规范			
技能操作	40分	切配辅料（10分）			
		加工主料（10分）			
		调味搅拌（10分）			
		完成制作（10分）			

续表

训练环节	分值	实训要点	学生评价	教师评价	综合评价
清洁物品	10分	清洁工具、操作台等			
制作时间	10分	50分钟			
成品菜肴	10分	造型美观、有新意，口味合适			

（2）以小组为单位，灵活运用任务一中所学的普通蔬菜类沙拉的制作方法，设计、制作出不同形式的一般蔬菜沙拉自助餐，并让同学、老师作出实训评价，见表1–1–17。

表1–1–17　实习训练评价

训练环节	分值	实训要点	学生评价	教师评价	综合评价
制作工具及制作原料准备	15分	准备制作工具及制作原料			
遵守操作工序	15分	合理安排时间和操作顺序，工作规范			
技能操作	40分	切配辅料（10分）			
		加工主料（10分）			
		调味搅拌（10分）			
		完成制作（10分）			
清洁物品	10分	清洁工具、操作台等			
制作时间	10分	60分钟			
成品菜肴	10分	造型美观、有新意，口味合适			

五、知识链接

法式芥末酱的口感相同吗？

法式芥末酱因其添加的香料（如蜂蜜、葡萄酒、水果）不同，其口味有所不同，分为细滑膏状和带子粗末状两种，它可以与沙拉、牛排、猪脚、烤肉、香肠等搭配使用，常见于西餐中。此外与日本芥末的"呛"不同，法式芥末酱微酸，可分为两大类，即辣与不辣带酸味。

🍳 六、课后作业

1. 查找网络或相关书籍

（1）哪种香料最适合圆白菜沙拉?

（2）如何制作带培根酱汁的圆白菜沙拉?

（3）制作圆白菜沙拉用哪种芥末酱最好?

2. 练习

在课余或周末，为你的朋友、家人制作一份圆白菜沙拉，请他们写出品尝感受。

任务1-6
紫甘蓝沙拉的制作

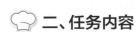
一、成品标准

紫甘蓝沙拉（red cabbage salad，如图1-1-16所示）中紫甘蓝丝整齐均匀，放入嘴中酸甜适口，并有浓郁的苹果鲜香味，颜色艳丽，鲜脆爽口。

图1-1-16　紫甘蓝沙拉

二、任务内容

1. 准备制作工具

制作工具见表1-1-18。

表1-1-18　制作工具

菜板 chopping board	分刀 kitchen knife	料理碗 cooking bowl
餐勺 spoon	—	—

2. 准备制作原料

制作原料如图1-1-17所示。

紫甘蓝
red cabbage

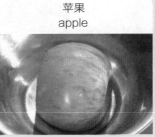
苹果
apple

苹果汁
apple juice

图1-1-17　制作原料

图1-1-17　制作原料（续）

3. 制作流程

制作流程如图1-1-18所示。

步骤一：
将苹果和紫甘蓝切成均匀的细丝。

图1-1-18　制作流程

步骤二：
在紫甘蓝中放入盐、红葡萄酒醋进行腌渍，时间为15～30分钟。
提示：紫甘蓝的颜色较暗，红葡萄酒醋可以与紫甘蓝发生化学反应，使其变得更鲜亮，所以在腌渍紫甘蓝时放入适量的红葡萄酒醋。

步骤三：
将沥水后的紫甘蓝放入容器，与苹果丝、苹果汁、白糖、橄榄油拌匀即可。

图1-1-18　制作流程（续）

三、评价标准

要求：独立制作完成紫甘蓝沙拉，见表1-1-19。

表1-1-19　紫甘蓝沙拉制作实训评价

时间：_____　姓名：_____　综合评价：_____

内容	要求	配分	互评	教师评价
原料选择	质量好	5分	5（　　）	5（　　）
	质量一般		3（　　）	3（　　）
	质量不好		1（　　）	1（　　）
口味	适中	15分	15（　　）	15（　　）
	淡薄		10（　　）	10（　　）
	浓厚		5（　　）	5（　　）
色泽	适中	10分	10（　　）	10（　　）
	清		7（　　）	7（　　）
	重		4（　　）	4（　　）
汁量	适中	5分	5（　　）	5（　　）
	多		3（　　）	3（　　）
	少		1（　　）	1（　　）
加工时间	适中	10分	10（　　）	10（　　）
	过长		7（　　）	7（　　）
	过短		3（　　）	3（　　）

续表

内容	要求	配分	互评	教师评价
独立操作	独立	5分	5（　）	5（　）
	协作完成		3（　）	3（　）
	指导完成		1（　）	1（　）
卫生	干净	10分	10（　）	10（　）
	一般		7（　）	7（　）
	差		3（　）	3（　）
准备工作	充分	15分	15（　）	15（　）
	较差		10（　）	10（　）
	极差		5（　）	5（　）
下料处理	好	10分	10（　）	10（　）
	不当		7（　）	7（　）
	差		3（　）	3（　）
操作工序	规范	15分	15（　）	15（　）
	一般		10（　）	10（　）
	不规范		5（　）	5（　）
综合成绩	A优	B良	C合格	D待合格
	85~100分	75~85分	60~75分	59分及以下

四、拓展任务

（1）变换部分调料或原料形状，独立制作完成一份口味独特的紫甘蓝沙拉，并请同学、老师作出评价，见表1-1-20。

表1-1-20　实习训练评价

训练环节	分值	实训要点	学生评价	教师评价	综合评价
制作工具及制作原料准备	15分	准备制作工具及制作原料			
遵守操作工序	15分	合理安排时间和操作顺序，工作规范			
技能操作	40分	切配辅料（10分）			
		加工主料（10分）			

续表

训练环节	分值	实训要点	学生评价	教师评价	综合评价
技能操作	40分	调味搅拌（10分）			
		完成制作（10分）			
清洁物品	10分	清洁工具、操作台等			
制作时间	10分	30分钟			
成品菜肴	10分	造型美观、有新意，口味合适			

（2）以小组为单位，灵活运用任务一中所学的普通蔬菜类沙拉的制作方法，设计、制作出不同形式的一般蔬菜沙拉自助餐，并让同学、老师作出评价，见表1-1-21。

表1-1-21　实习训练评价

训练环节	分值	实训要点	学生评价	教师评价	综合评价
制作工具及制作原料准备	15分	准备制作工具及制作原料			
遵守操作工序	15分	合理安排时间和操作顺序，工作规范			
技能操作	40分	切配辅料（10分）			
		加工主料（10分）			
		调味搅拌（10分）			
		完成制作（10分）			
清洁物品	10分	清洁工具、操作台等			
制作时间	10分	60分钟			
成品菜肴	10分	造型美观、有新意，口味合适			

五、知识链接

沙拉的保质期是多久?

一般来说，沙拉过夜后尽量不要食用。尽管搅拌后，有些沙拉看起来颜色还很新鲜，但是其中所含的细菌指数已经超标。此外，洗过的水果、蔬菜易失去水分。将一个洗过的水果和一个未洗过的水果放在一起，第二天会发现洗过的水果会发蔫，失去原有的味道，所以沙拉随做随吃味道最好。

六、课后作业

1. 查找网络或相关书籍

（1）紫甘蓝沙拉里为什么添加苹果和苹果汁？

（2）紫甘蓝沙拉最适合搭配什么菜肴？

（3）制作紫甘蓝沙拉为什么先用红葡萄酒醋和盐腌渍？

2. 练习

在课余或周末为朋友、家人制作一份口味独特的紫甘蓝沙拉，请他们写出品尝感受。

任务1-7
黄瓜沙拉的制作

 一、成品标准

黄瓜沙拉（cucumber salad，如图1-1-19所示）中黄瓜片薄厚均匀，腌渍后的水分控干，加入奶油后白中带绿，奶香浓郁，鲜脆爽口，略带鲜味。

提示：黄瓜沙拉与海鲜类热菜搭配食用，口味尤佳。

图1-1-19　黄瓜沙拉

 二、任务内容

1. 准备制作工具

制作工具见表1-1-22。

表1-1-22　制作工具

菜板 chopping board	分刀 kitchen knife	料理碗 cooking bowl
餐勺 spoon	刮皮刀 peeler	—

2. 准备制作原料

制作原料如图1-1-20所示。

图1-1-20   制作原料

3. 制作流程

制作流程如图1-1-21所示。

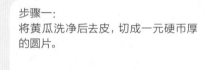

步骤一：
将黄瓜洗净后去皮，切成一元硬币厚的圆片。

步骤二：
将黄瓜片用盐腌渍15~30分钟。

步骤三：
将黄瓜片沥水后放入器皿中，把淡奶油、莳萝、醋、胡椒粉与其搅拌均匀即可。

图1-1-21   制作流程

三、评价标准

要求：独立制作完成黄瓜沙拉，见表1-1-23。

表 1-1-23 黄瓜沙拉制作实训评价

时间：_____ 姓名：_____ 综合评价：_____

内容	要求	配分	互评	教师评价
原料选择	质量好	5分	5（　）	5（　）
	质量一般		3（　）	3（　）
	质量不好		1（　）	1（　）
口味	适中	15分	15（　）	15（　）
	淡薄		10（　）	10（　）
	浓厚		5（　）	5（　）
色泽	适中	10分	10（　）	10（　）
	清		7（　）	7（　）
	重		4（　）	4（　）
汁量	适中	5分	5（　）	5（　）
	多		3（　）	3（　）
	少		1（　）	1（　）
加工时间	适中	10分	10（　）	10（　）
	过长		7（　）	7（　）
	过短		3（　）	3（　）
独立操作	独立	5分	5（　）	5（　）
	协作完成		3（　）	3（　）
	指导完成		1（　）	1（　）
卫生	干净	10分	10（　）	10（　）
	一般		7（　）	7（　）
	差		3（　）	3（　）
准备工作	充分	15分	15（　）	15（　）
	较差		10（　）	10（　）
	极差		5（　）	5（　）

续表

内容	要求	配分	互评	教师评价
下料处理	好	10分	10（　）	10（　）
	不当		7（　）	7（　）
	差		3（　）	3（　）
操作工序	规范	15分	15（　）	15（　）
	一般		10（　）	10（　）
	不规范		5（　）	5（　）
综合成绩	A优	B良	C合格	D待合格
	85～100分	75～85分	60～75分	59分及以下

四、拓展任务

（1）将淡奶油换为橄榄油，独立制作一份黄瓜沙拉，并请同学、老师作出评价，见表1-1-24。

表1-1-24　实习训练评价

训练环节	分值	实训要点	学生评价	教师评价	综合评价
制作工具及制作原料准备	15分	准备制作工具及制作原料			
遵守操作工序	15分	合理安排时间和操作顺序，工作规范			
技能操作	40分	切配辅料（10分）			
		加工主料（10分）			
		调味搅拌（10分）			
		完成制作（10分）			
清洁物品	10分	清洁工具、操作台等			
制作时间	10分	30分钟			
成品菜肴	10分	造型美观、有新意，口味合适			

（2）以小组为单位，灵活运用任务一中所学的普通蔬菜类沙拉的制作方法，设计、制作出不同形式的一般蔬菜沙拉自助餐，并让同学、老师作出评价，见表1-1-25。

表1-1-25 实习训练评价

训练环节	分值	实训要点	学生评价	教师评价	综合评价
制作工具及制作原料准备	15分	准备制作工具及制作原料			
遵守操作工序	15分	合理安排时间和操作顺序,工作规范			
技能操作	40分	切配辅料(10分)			
		加工主料(10分)			
		调味搅拌(10分)			
		完成制作(10分)			
清洁物品	10分	清洁工具、操作台等			
制作时间	10分	60分钟			
成品菜肴	10分	造型美观、有新意,口味合适			

五、知识链接

胡椒粉与胡椒碎的区别是什么?

胡椒粉适合加入汤或一些甜品之中,它容易与菜品融为一体,但是味道会相对寡淡很多。胡椒碎基本是通过研磨器将整粒的胡椒研磨成细碎颗粒,其味道浓郁,加入菜品中非常提味,尤其在制作披萨时,加入胡椒碎,经过烤制后,胡椒的香味完全渗出。

六、课后作业

1.查找网络或相关书籍

(1)哪种香草最适合黄瓜沙拉?

(2)黄瓜沙拉最适合搭配哪些菜肴食用?

(3)制作黄瓜沙拉时为什么先用盐腌渍黄瓜片?

2.练习

在课余或周末,为你的朋友、家人制作一份黄瓜沙拉,请他们写出品尝感受。

任务二　田园蔬菜沙拉的制作

一、任务描述

[内容描述]

田园蔬菜沙拉（seasonal garder salad）是西餐冷菜中最基础、最常见的一种沙拉，主要原材料是各种应季的生菜，择洗干净后将其掰成能入口大小的块状，再配以各种颜色艳丽的蔬菜，如胡萝卜、红/黄彩椒、黄菊苣、紫菊苣、黄瓜等，运用摆、堆、围、叠等方法在餐盘上摆出不同的造型，点缀上西红柿、鸡蛋和炸制的面包丁，最后浇上油醋汁（vinaigrette）即可。这种沙拉常见于零点菜单或自助餐。

生菜加工方法如下：

（1）挑选生菜。

（2）将生菜浸泡于2%的盐水或稀释的消毒水中半小时。

（3）将生菜清洗干净。

（4）将生菜控干水分。

[学习目标]

（1）能够利用橄榄油、红酒醋和芥末酱、糖、盐等调料制作油醋汁。

（2）熟练掌握运用相关工具设备、加工方法和成形技法。

（3）依照田园蔬菜沙拉制作流程在规定时间内制作完成菜品。

（4）形成良好的卫生习惯并自觉遵守行业规范。

二、相关知识

田园蔬菜沙拉因其主要材料是各种新鲜蔬菜，适合口味清淡的客人，另外，它还可以和各种禽肉类主菜搭配在一起，不仅营养丰富，还可以缓解油腻。一般西餐冷菜的各种酱汁如油醋汁、千岛汁、鸡尾汁、酸奶汁或者蓝纹奶酪汁都适合搭配田园蔬菜沙拉。

油醋汁是本任务的重点学习环节。油醋汁又叫作法国沙司、法国沙拉酱、醋油沙司，在西餐冷菜中是最常用、最重要的基础冷少司之一。传统法国少司以酸咸味为主，呈乳白色，稠度低，呈半流体状，意大利汁、法国油醋汁、罗勒汁、薄荷汁等都是由它演变而来。传统法国少司常搭配不同的西餐冷菜沙拉和开胃菜肴，在西餐冷菜中占有举足轻重的地位。当前健康饮食备受人们的关注，由橄榄油和果醋制成的油醋汁在西餐冷菜中受到人们广泛的推崇。因此，熟练掌握油醋汁的特点、原料与种类，掌握油醋汁的制作方法及演变，将来能够很好地在实际工作岗位中应用。

制作田园蔬菜沙拉的注意事项如下：

蔬菜在制作过程中遇见调料容易出水，为了不影响其口感和拼摆装饰效果，田园蔬菜沙拉一般现点现做。

三、成品标准

本菜品中蔬菜需新鲜，要按照加工程序清洗，不能出现烂叶和泥沙，酱汁应酸咸适口，颜色要鲜艳美观，如图1-2-1所示。

图1-2-1　田园蔬菜沙拉

四、任务内容

1. 准备制作工具

制作工具见表1-2-1。

田园蔬菜沙拉的制作

表1-2-1　制作工具

菜板 chopping board	分刀 kitchen knife	料理碗 cooking bowl
餐勺 spoon	玻璃碗 glass bowl	沙司盅 sauce cup
打蛋器 whisk	—	—

2. 准备制作原料

制作原料如图1-2-2所示。

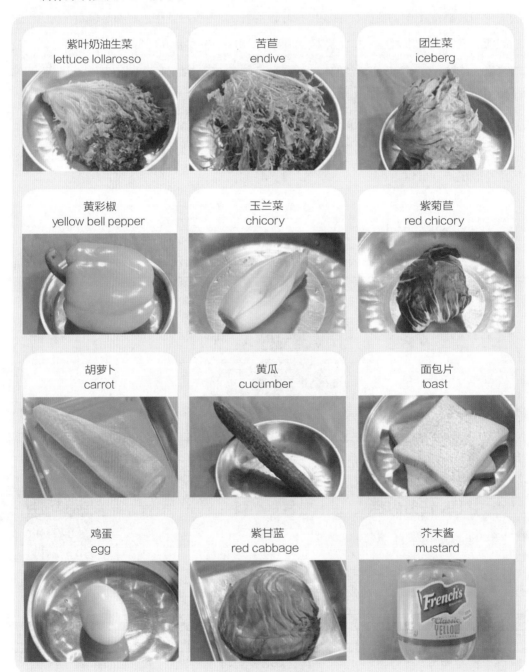

图1-2-2   制作原料

图1-2-2　制作原料（续）

3. 制作流程

油醋汁的制作流程如图1-2-3所示。

步骤一：
分别把芥末酱、盐、白糖和红葡萄酒醋放入碗中抽打均匀。
提示：若要降低酸度，可以减少红葡萄酒醋的量，加入同等分量的水，保持比例不变即可。

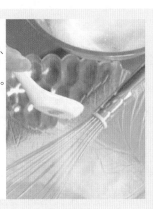

步骤二：
刚开始抽打时要慢慢地加入橄榄油，抽打均匀后，再快速加入橄榄油，直至具有一定稠度，体积增加。
提示：所有原料要充分搅拌均匀后再加油。

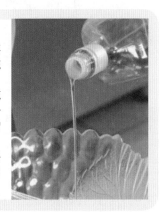

图1-2-3　油醋汁的制作流程

步骤三：
在打匀的油醋汁中加入法香碎、胡椒粉、洋葱和蒜末等搅拌均匀。

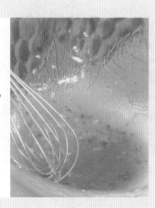

步骤四：
当油醋汁加入橄榄油抽打到一定的稠度时，制作便完成，然后将它倒入专用的容器中即可。

图1-2-3　油醋汁的制作流程（续）

注：符合规格的油醋汁看起来颜色微黄，有光泽，有一定的稠度，呈半流体状，口感以酸、咸为主，并伴有果醋、芥末酱的特有香味。

油醋汁的储存方法如下：

（1）存放在5℃左右的冷藏箱中。

（2）存放时要加盖，防止掉进杂物。

（3）取用时先用勺或搅拌器将油醋汁搅打均匀，避免水、油分离。

（4）保存时间不超过4天。

油醋汁原料的要求如下：

（1）油常用橄榄油、纯净无异味的玉米油、核桃油或菜籽油。

（2）酸性原料常用果醋，包括葡萄酒醋（有红、白、黑3种）、苹果醋或柠檬汁。

（3）油与醋的比例一般是3∶1。

（4）调味料一般由盐、胡椒、糖构成。

（5）因为油醋汁的主要原料是油和醋构成，所以长时间不使用水和油会分离，用时要先用勺或搅拌器将油醋汁搅打均匀，或者在调制汁时加入乳化剂，例如糖、芥末酱、番茄酱或奶酪等田园蔬菜沙拉的制作流程如图1-2-4所示。

步骤一：
对生菜进行择叶、消毒浸泡、清洗。

步骤二：
将生菜控水，撕掰成入口大小的片状备用。

步骤三：
先把面包片去皮并切成丁状，然后放入烤箱烧烤或用热油炸制，最后加入盐、胡椒粉和法香碎调味备用。

步骤四：
把鸡蛋煮熟后切角备用。

步骤五：
将加工好的各种生菜按照不同的颜色配好并搅拌均匀，堆放在盘子中央。

步骤六：
用鸡蛋角、面包丁和西红柿角装饰菜肴，最后浇上油醋汁即可。

图1-2-4　田园蔬菜沙拉的制作流程

五、评价标准

要求：独立制作完成田园蔬菜沙拉，见表1-2-2。

表1-2-2　田园蔬菜沙拉制作实训评价

时间：＿＿＿＿＿＿＿　姓名：＿＿＿＿＿＿＿　综合评价：＿＿＿＿＿＿＿

内容	要求	配分	互评	教师评价
原料选择	质量好	5分	5（　　）	5（　　）
	质量一般		3（　　）	3（　　）
	质量不好		1（　　）	1（　　）
口味	适中	15分	15（　　）	15（　　）
	淡薄		10（　　）	10（　　）
	浓厚		5（　　）	5（　　）
色泽	适中	10分	10（　　）	10（　　）
	清		7（　　）	7（　　）
	重		4（　　）	4（　　）
汁量	适中	5分	5（　　）	5（　　）
	多		3（　　）	3（　　）
	少		1（　　）	1（　　）
加工时间	适中	10分	10（　　）	10（　　）
	过长		7（　　）	7（　　）
	过短		3（　　）	3（　　）
独立操作	独立	5分	5（　　）	5（　　）
	协作完成		3（　　）	3（　　）
	指导完成		1（　　）	1（　　）
卫生	干净	10分	10（　　）	10（　　）
	一般		7（　　）	7（　　）
	差		3（　　）	3（　　）
准备工作	充分	15分	15（　　）	15（　　）
	较差		10（　　）	10（　　）
	极差		5（　　）	5（　　）
下料处理	好	10分	10（　　）	10（　　）
	不当		7（　　）	7（　　）

续表

内容	要求	配分	互评	教师评价
下料处理	差		3（　　）	3（　　）
操作工序	规范	10分	15（　　）	15（　　）
	一般		10（　　）	10（　　）
	不规范		5（　　）	5（　　）
综合成绩	A优	B良	C合格	D待合格
	85~100分	75~85分	60~75分	59分及以下

六、拓展任务

结合应季原料，独立制作一份搭配油醋汁的田园蔬菜沙拉，并让同学、老师作出评价，见表1-2-3。

表1-2-3　实习训练评价

训练环节	分值	实训要点	学生评价	教师评价	综合评价
制作工具及制作原料准备	15分	准备制作工具及制作原料			
遵守操作工序	15分	合理安排时间和操作顺序，工作规范			
技能操作	40分	切配辅料（10分）			
		加工主料（10分）			
		调味搅拌（10分）			
		完成制作（10分）			
清洁物品	10分	清洁工具、操作台等			
制作时间	10分	60分钟			
成品菜肴	10分	造型美观、有新意，口味合适			

七、知识链接

什么是葡萄酒醋

葡萄酒醋（图1-2-5）分为红、白、黑3种，是一种以葡萄为原料、在欧美食用醋中最优良的果醋。该醋以葡萄的浓缩果汁为原料，以醋酸菌进行天然发酵，经过数年的桶内熟制而成。葡萄酒醋含有不挥发酸，还含有少量酒精、糖分和氨基酸，是调制带酸味菜肴的最好选择。

图1-2-5 葡萄酒醋

葡萄酒醋具有多方面的食疗价值。其一，葡萄酒醋含有丰富的维生素及矿物质，可以补血，降低血中的胆固醇；其二，葡萄酒醋可以抑制低脂蛋白氧化，提高血液交密度脂蛋白，促进血液循环，预防冠心病；其三，葡萄酒醋中含有抗氧化成分，可抗癌、抗衰老及能预防血小板凝结；其四，葡萄酒醋含有丰富的酚类化合物，可防止动脉硬化并维持血管的通透性；其五，丰富的单宁酸可预防蛀牙及防止辐射伤害；其六，饮用适量的葡萄酒醋，能帮助女性养颜美容，使皮肤细腻、润泽而富有弹性；最后，葡萄酒醋能使菜肴中的油质消失，促进胃的消化能力。

八、课后作业

1. 查找网络或相关书籍

(1) 油醋汁中的油和醋的比例是多少？

(2) 油醋汁在储存方面应注意什么？

(3) 油醋汁可以演变为哪些冷汁？

(4) 什么是田园蔬菜沙拉？

(5) 田园蔬菜沙拉有什么特点？

2. 练习

在课余或周末用应季蔬菜为亲人、朋友制作一份有特色的田园蔬菜沙拉（配油醋汁），并让他们写出品尝感受。

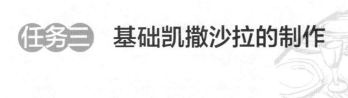

一、任务描述

[内容描述]

基础凯撒沙拉(Caesar salad)在西餐冷菜中占有非常重要的位置,几乎所有的酒店都有这道菜。其材料主要是罗马生菜,在制作过程中将其择洗干净后用手撕、掰成入口大小的块状。凯撒汁(油醋汁的一种)是由法芥、盐、糖、银鱼柳、红酒醋和橄榄油放入干净的器皿内打制成稠糊状,再加入洋葱碎、蒜末和法香碎制成的。将凯撒汁与生菜搅拌均匀即可。培根丝作为一种辅助型材料,可以依据个人的口味适量加入,并运用摆、堆、围、叠等方法在餐盘上摆出不同的造型,最后点缀上西红柿、鸡蛋角和炸或烤制的面包丁即可。此外,不仅要掌握基础凯撒沙拉的制作方法,还要特别掌握凯撒沙拉的演变。

[学习目标]

(1)灵活运用油醋汁的制作方法制作凯撒汁。

(2)熟练掌握运用相关工具设备、加工方法和成形技法。

(3)依照基础凯撒沙拉的制作流程在规定时间内制作完成菜品。

(4)形成良好的卫生习惯并自觉遵守行业规范。

二、相关知识

凯撒沙拉可以追溯到1924年,它是由凯撒·沙卡狄尼发明的,故名凯撒沙拉。沙卡狄尼当初住在圣地亚哥,为了避开禁酒令而在蒂华纳工作,是当地一家意式餐馆的老板兼主厨。至于他发明凯撒沙拉的故事有许多说法,最常见的是在某年7月4日那天,厨房内食材几乎耗尽,而沙卡狄尼却用仅剩的食材,凭他的天赋和技术制作出了著名的凯撒沙拉。

制作基础凯撒沙拉的注意事项如下：

生菜在制作过程中遇见调料容易出水，为了不影响其口感和拼摆装饰效果，基础凯撒沙拉一般现点现做。

三、成品标准

基础凯撒沙拉中生菜需清洗干净，不能出现烂叶和泥沙，生菜块需撕、掰成入口大小的块状，酱汁应酸咸适口，看起来鲜艳美观，如图1-3-1所示。

图1-3-1　基础凯撒沙拉

基础凯撒沙拉的制作

四、任务内容

1. 准备制作工具

制作工具见表1-3-1。

表1-3-1　制作工具

菜板 chopping board	分刀 kitchen knife	料理碗 cooking bowl
餐勺 spoon	玻璃碗 glass bowl	打蛋器 whisk
刮皮刀 peeler	—	—

2. 准备制作原料

制作原料如图1-3-2所示。

罗马生菜　romaine lettuce　　面包片　toast　　鸡蛋　egg

图1-3-2　制作原料

图1-3-2　制作原料（续）

3. 制作流程

制作流程如图1-3-3所示。

步骤一:
将生菜清洗干净,控干水分,然后撕成入口大小的片,放在盘中备用。

步骤二:
将西红柿切成角状,去除中间的籽,将果肉放入盘中备用。

步骤三:
将芥末酱、盐、白糖、银鱼柳、红葡萄酒醋和橄榄油放入干净的器皿内打制成稠糊状,然后加入洋葱碎、蒜末和法香碎搅拌均匀待用。

步骤四:
把准备好的生菜倒入打好的汁中搅拌均匀放入盘中,再撒上面包丁、西红柿角。

步骤五:
撒上芝士粉即可。

图1-3-3　制作流程

五、评价标准

要求：独立制作完成基础凯撒沙拉，见表1-3-2。

表1-3-2 基础凯撒沙拉制作实训评价

时间：_____ 姓名：_____ 综合评价：_____

内容	要求	配分	互评	教师评价
原料选择	质量好	5分	5（　　）	5（　　）
	质量一般		3（　　）	3（　　）
	质量不好		1（　　）	1（　　）
口味	适中	15分	15（　　）	15（　　）
	淡薄		10（　　）	10（　　）
	浓厚		5（　　）	5（　　）
色泽	适中	10分	10（　　）	10（　　）
	清		7（　　）	7（　　）
	重		4（　　）	4（　　）
汁量	适中	5分	5（　　）	5（　　）
	多		3（　　）	3（　　）
	少		1（　　）	1（　　）
加工时间	适中	10分	10（　　）	10（　　）
	过长		7（　　）	7（　　）
	过短		3（　　）	3（　　）
独立操作	独立	5分	5（　　）	5（　　）
	协作完成		3（　　）	3（　　）
	指导完成		1（　　）	1（　　）
卫生	干净	10分	10（　　）	10（　　）
	一般		7（　　）	7（　　）
	差		3（　　）	3（　　）
准备工作	充分	15分	15（　　）	15（　　）
	较差		10（　　）	10（　　）
	极差		5（　　）	5（　　）

续表

内容	要求	配分	互评	教师评价
下料处理	好	10分	10（ ）	10（ ）
	不当		7（ ）	7（ ）
	差		3（ ）	3（ ）
操作工序	规范	15分	15（ ）	15（ ）
	一般		10（ ）	10（ ）
	不规范		5（ ）	5（ ）
综合成绩	A优	B良	C合格	D待合格
	85~100分	75~85分	60~75分	59分及以下

六、拓展任务

（1）添加培根独自制作完成凯撒沙拉，并让同学、老师作出评价，见表1-3-3。

表1-3-3 实习训练评价

训练环节	分值	实训要点	学生评价	教师评价	综合评价
制作工具及制作原料准备	15分	准备制作工具及制作原料			
遵守操作工序	15分	合理安排时间和操作顺序，工作规范			
技能操作	40分	切配辅料（10分）			
		加工主料（10分）			
		调味搅拌（10分）			
		完成制作（10分）			
清洁物品	10分	清洁工具、操作台等			
制作时间	10分	50分钟			
成品菜肴	10分	造型美观、有新意，口味合适			

（2）依自己的喜好制作出不一样的凯撒沙拉，并让同学、老师作出评价，见表1-3-4。

表1-3-4　实习训练评价

训练环节	分值	实训要点	学生评价	教师评价	综合评价
制作工具及制作原料准备	15分	准备制作工具及制作原料			
遵守操作工序	15分	合理安排时间和操作顺序，工作规范			
技能操作	40分	切配辅料（10分）			
		加工主料（10分）			
		调味搅拌（10分）			
		完成制作（10分）			
清洁物品	10分	清洁工具、操作台等			
制作时间	10分	60分钟			
成品菜肴	10分	造型美观、有新意，口味合适			

七、知识链接

美式菜品的特点

美式菜品发源于英式菜品。英式菜品简单、清淡的特点在美式菜品中得到了很好的发展，一般情况下菜品放入口中味道咸中带甜。一般辣味在美国不受欢迎，美国人喜欢铁扒类的菜肴，常将水果作为配料与菜肴烹制在一起，比如菠萝焗火腿、苹果烤鸭。美国人喜欢吃新鲜蔬菜和水果，但对饮食要求不高，营养、快捷是他们的追求。

烟熏的猪五花肉或猪腹肉（即培根）因有特殊的烟熏味，受到美国人的喜爱，常见于早餐和快餐，或者作为调味品放入菜品的汤汁或酱汁中，以提高菜肴的风味。

八、课后作业

1.查找网络或相关书籍

（1）什么是凯撒沙拉？

（2）凯撒沙拉有几种制作方法？

2.练习

在课余或周末为你的家人制作一份凯撒沙拉，并请他们写出品尝感受。

任务四　基础华道夫沙拉的制作

一、任务描述

[内容描述]

基础华道夫沙拉（waldorf salad）在西餐冷菜中较为典型，其主料为苹果和西芹，以核桃仁为配料，再加入盐、胡椒粉和柠檬汁调味，最后与沙拉酱搅拌均匀即可；煮制或烤制的鸡肉作为辅助性备选材料，还可以依据个人口味，加工成丝状或块状拌制，并运用摆、堆、围、叠等方法在餐盘上摆出不同的造型。基础华道夫沙拉常出现在零点菜单上或自助餐。此外，不仅要掌握基础华道夫沙拉的制作方法，还特别要掌握华道夫沙拉的演变。

[学习目标]

（1）学会运用蛋黄、植物油、芥末酱和盐、胡椒、柠檬汁等调料制作马乃司沙司（mayonnaise）。

（2）熟练掌握运用相关工具设备、加工方法和成形技法。

（3）依照基础华道夫沙拉的制作流程在规定时间内制作完成菜品。

（4）形成良好的卫生习惯并自觉遵守行业规范。

二、相关知识

华道夫沙拉于1896年诞生于纽约的华道夫酒店。自成品以来，它流传到好多地方，至今历久弥新。其实，此款菜肴是由一位普通的餐厅经理奥斯卡·提基（Oscar Tschirky）想到的，在最开始的配料中并没有果仁，后来才被逐渐改良，添加了果仁、水果干（葡萄干）、葡萄、鸡肉、火鸡肉等。但是其之后的发展却是奥斯卡·提基万万想不到的——华道夫沙拉今天不仅是美国的，更是世界的！

芹菜头又叫芹菜根，是指芹菜的根部。在西餐烹饪中，芹菜头和其他蔬菜的作用是一样的,常用来做汤、沙拉、配菜等。基础华道夫沙拉的主料是芹菜头,由于这种原料在市场上比较少见,一般常用西芹代替。

马乃司沙司是一种浅黄色、比较浓稠的沙拉酱,由法语mayonnaise音译而来。在西餐冷菜中,它是最常用、最重要的基础冷沙司之一,由植物油、鸡蛋黄、酸性原料(果醋、柠檬汁)和调料通过抽打搅拌而成。马乃司沙司又称为蛋黄酱、沙拉酱、美乃兹等。这种沙司由于在原料当中添加蛋黄这种乳化剂,从而使油和醋能够均匀地混合在一起,比较牢固是其最大的特点。通常马乃司沙司不仅本身可以作为沙拉酱使用,还可以作为基础原料制作其他沙拉酱。

传统的马乃司沙司叫作蛋黄酱,它是由沙拉油(常用橄榄油、纯净无异味的植物油)、鸡蛋黄、酸性原料(果醋、柠檬汁)和盐、胡椒粉等调料通过抽打搅拌制成的一种浅黄色、比较浓稠的沙拉酱。它口感细腻、使用方便,可以根据菜肴需要灵活运用,既方便制作,又方便食用。

三、成品标准

基础华道夫沙拉(图1-4-1)中苹果丝与西芹丝需粗细均匀,加入淡黄色的马乃司沙司后脆爽、香甜,稍带一点咸味。

酱汁还可以用淡奶油代替马乃司沙司,口感、口味更佳。此外,马乃司沙司和淡奶油还可混合使用,效果也很好。

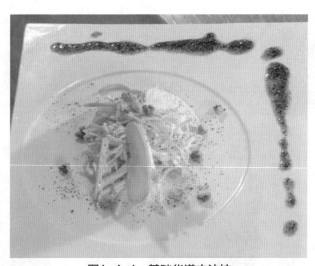

图1-4-1　基础华道夫沙拉

四、任务内容

1. 准备制作工具

制作工具见表1-4-1。

基础华道夫沙拉的制作

表1-4-1　制作工具

菜板 chopping board	分刀 kitchen knife	料理碗 cooking bowl
餐勺 spoon	玻璃碗 glass bowl	打蛋器 whisk
刮皮刀 peeler		

2. 准备制作原料

制作原料如图1-4-2所示。

图1-4-2　制作原料

盐
salt

胡椒粉
pepper powder

图1-4-2　制作原料（续）

3. 制作流程

马乃司沙司的制作流程如图1-4-3所示。

步骤一：
先把洗干净的鸡蛋磕开，然后利用蛋壳把蛋清和蛋黄分离开，放在不同的容器中。
要点提示：分离蛋黄后一定要把手洗干净，避免细菌交叉传染。

步骤二：
分别把蛋黄、盐、芥末酱、醋和胡椒粉放入玻璃碗中抽打均匀。
要点提示：所有原料充分搅拌均匀。

步骤三：
初始抽打要慢慢地加油，等到抽打均匀后再加入油。
要点提示：刚开始要少量加油，不要一次添加过多。

步骤四：
在沙拉酱的数量变多时，可以逐渐加大油的量，同时抽打的速度也要加快。

步骤五：
当沙拉酱抽打到一定的稠度时，一定要及时加水，以在沙拉酱变稀时保持了水和油比例的平衡，避免脱油。

步骤六：
把油加完后，加入柠檬汁调味并搅拌均匀即可，最后将操作台收拾干净。

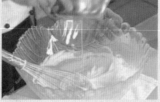

图1-4-3　马乃司沙司的制作流程

注：一份合格的马乃司沙司颜色为浅黄，有光泽，呈均匀的稠糊状，表面无浮油，口味清香，酸、咸适中，口感绵软细腻。

马乃司沙司的储存方法如下：

（1）存放在5℃左右的冷藏箱中。

（2）存放时要加盖，防止表面水分蒸发而脱油。

（3）取用时用无油器具，以防脱油。

（4）避免强烈震动，以防脱油。

基础华道夫沙拉的制作流程如图1-4-4所示。

步骤一：
将清洗后的苹果切成丝，并与柠檬汁搅拌均匀。

步骤二：
将西芹去皮，然后把它切成与苹果相同的丝。

步骤三：
分别放入盐、胡椒粉、柠檬汁和马乃司沙司，并与所有原料搅拌均匀。

步骤四：
最后用核桃仁作装饰即可。

图1-4-4　基础华道夫沙拉的制作流程

五、评价标准

要求：独立制作完成基础华道夫沙拉，见表1-4-2。

表1-4-2　基础华道夫沙拉制作实训评价

时间：_____　姓名：_____　综合评价：_____

内容	要求	配分	互评	教师评价
原料选择	质量好	5分	5（　　）	5（　　）
	质量一般		3（　　）	3（　　）
	质量不好		1（　　）	1（　　）
口味	适中	15分	15（　　）	15（　　）
	淡薄		10（　　）	10（　　）
	浓厚		5（　　）	5（　　）
色泽	适中	10分	10（　　）	10（　　）
	清		7（　　）	7（　　）
	重		4（　　）	4（　　）
汁量	适中	5分	5（　　）	5（　　）
	多		3（　　）	3（　　）
	少		1（　　）	1（　　）
加工时间	适中	10分	10（　　）	10（　　）
	过长		7（　　）	7（　　）
	过短		3（　　）	3（　　）
独立操作	独立	5分	5（　　）	5（　　）
	协作完成		3（　　）	3（　　）
	指导完成		1（　　）	1（　　）
卫生	干净	10分	10（　　）	10（　　）
	一般		7（　　）	7（　　）
	差		3（　　）	3（　　）
准备工作	充分	15分	15（　　）	15（　　）
	较差		10（　　）	10（　　）
	极差		5（　　）	5（　　）

续表

内容	要求	配分	互评	教师评价
下料处理	好	10分	10（　　）	10（　　）
	不当		7（　　）	7（　　）
	差		3（　　）	3（　　）
操作工序	规范	15分	15（　　）	15（　　）
	一般		10（　　）	10（　　）
	不规范		5（　　）	5（　　）
综合成绩	A优	B良	C合格	D待合格
	85–100分	75–85分	60–75分	59分及以下

六、拓展任务

（1）添加煮鸡肉来独立制作完成一份华道夫沙拉，并让同学、老师作出评价，见表1–4–3。

表1–4–3　实习训练评价

训练环节	分值	实训要点	学生评价	教师评价	综合评价
制作工具及制作原料准备	15分	准备制作工具及制作原料			
遵守操作工序	15分	合理安排时间和操作顺序，工作规范			
技能操作	40分	切配辅料（10分）			
		加工主料（10分）			
		调味搅拌（10分）			
		完成制作（10分）			
清洁物品	10分	清洁工具、操作台等			
制作时间	10分	50分钟			
成品菜肴	10分	造型美观、有新意，口味合适			

（2）依自己的喜好制作出不一样的华道夫沙拉，并让同学、老师作出评价，见表1–4–4。

表1-4-4 实习训练评价

训练环节	分值	实训要点	学生评价	教师评价	综合评价
制作工具及制作原料准备	15分	准备制作工具及制作原料			
遵守操作工序	15分	合理安排时间和操作顺序, 工作规范			
技能操作	40分	切配辅料（10分）			
		加工主料（10分）			
		调味搅拌（10分）			
		完成制作（10分）			
清洁物品	10分	清洁工具、操作台等			
制作时间	10分	60分钟			
成品菜肴	10分	造型美观、有新意, 口味合适			

七、知识链接

你了解橄榄油吗?

1. 橄榄油的等级

2001年7月, 欧盟开始执行新的橄榄油四级分级标准。

特级初榨橄榄油（extra virgin olive oil）: 酸度不超过1%的特级初榨橄榄油是质量最好的橄榄油。特级初榨橄榄油是用成熟的橄榄鲜果, 在24小时内压榨出来的。它的加工环节最少, 最具保健美容价值。特级初榨橄榄油是一种纯天然果汁, 其压榨采用纯物理方法, 无任何防腐剂和添加剂。

初榨橄榄油（virgin olive oil）: 初榨橄榄油是第二次榨取获得的, 酸度不超过2%, 符合规定的食用标准。

精制橄榄油与初榨橄榄油的合成油（refined and virgin olive oil）: 符合食用油的标准, 酸度为1.5%, 它是初榨橄榄油或特级初榨橄榄油和其他油脂的混合物。

橄榄果渣油（crude olive pomace oil）: 不能食用, 能用于美容或在特定行业中使用, 如图1-4-5所示。

国际橄榄油理事会执行的橄榄油分类标准见表1-4-5。

图1-4-5   橄榄果渣油

表1-4-5   国际橄榄油理事会执行的橄榄油分类标准

类别	中文名称	国际标准名称	加工工艺	酸度（每百克）
原生橄榄油	特级原生橄榄油	extra virgin olive oil	冷压榨，一榨油	≤0.8
	原生橄榄油	virgin olive oil	压榨，未达到特级标准	≤2.0
	普通原生橄榄油	ordinary virgin olive oil	压榨，未达到以上标准	≤3.3
	精炼橄榄油	refined olive oil	化学浸出法	≤0.3
橄榄果渣油	橄榄果渣油原油	crude olive pomace oil	对果渣压榨	>0.5
	精炼橄榄果渣油	refined olive pomace oil	化学浸出法	≤0.3
		olive pomace oil	对果渣压榨后过滤	≤1.0

2. 橄榄油的产区、产地

最初的橄榄树是野生的，这种多年生的乔木的生命力是很强的，甚至可以在很贫瘠的土地上开花结果。由于地理关系，它的产地大部分集中在地中海沿岸国家。地中海的气候十分适合它的生长，充沛的日照，炎热的夏季和温润多雨的冬季是橄榄树生长最优越的自然条件。

地中海地区包括西班牙、意大利、希腊、土耳其、葡萄牙、摩洛哥、叙利亚、以色列、突尼斯、阿尔及利亚、埃及、巴基斯坦、黎巴嫩等，与其气候类似的还有远在南半球的阿根廷、秘鲁、南非等。

除了地中海地区以外，目前种植橄榄油的国家和地区还有美国、加拿大、澳大利亚、新西兰，中国的甘肃、四川、云南等。

3. 橄榄油的文化和历史

橄榄的发源地在地中海沿岸，那里的人们种植橄榄树、食用和使用橄榄和橄榄油已有几千年的历史。地中海沿岸国家几乎都有本国关于橄榄树的历史，通过一些传说和历史，能够加深对称为来自自然界的"液体黄金"的橄榄油的认识。

实际上,西方餐馆用橄榄油的历史十分悠久,西方人不仅用橄榄油蘸面包,而且将其广泛地用在各种各样的烹饪中,上好的菜都是用橄榄油做的。首先,从人文的角度,人们对橄榄油有一种敬重的感觉。橄榄树也许是世界上最为古老的树,没有人知道第一棵橄榄树的来历和种植地。最初,橄榄油出生在高加索山脉以南、伊朗高地,以及地中海沿岸的叙利亚、巴勒斯坦,再往西南一点如塞浦路斯、小亚细亚地区(在古代被称为安那托利亚,是目前土耳其靠近亚洲的地方),再往东一点可以至地中海东部的克利特岛和北非的埃及等地区。在埃及的考古、意大利的考古中都发现了橄榄树的化石。用来盛橄榄树果实或油的盛器,其产生的时间可以追溯到旧石器时代。在撒哈拉地带的岩洞中发现的壁画和浮雕,表明已有橄榄树的存在。在克利特文明时代(确切的年代是公元前3 500年)的化石中就有用橄榄树枝编成的花环,放置在古埃及木乃伊的墓葬中。在人们较为熟悉的圣经故事中,人类男性的始祖亚当乘着诺亚方舟归来时,就是以绿色的橄榄枝作为标志来减轻洪水的骚扰,所以从那时起,橄榄树象征和平。这只是一个典故。在遥远的时代,腓尼基人、古希腊人、古罗马人、迦太基人、古阿拉伯人在地中海沿岸种植了大量的橄榄树,在古希腊、古罗马的神话中,英雄众神和美丽的女神在创造历史时第一眼就看到了橄榄树。橄榄树的文化影响着西方文明的发展,约在15世纪大航海时代,当时海上的航海强国西班牙,用轻快的帆船,把橄榄树的文明载到了新大陆、南非、澳洲、美洲以及东方的中国和日本。

4. 智慧女神雅典娜与橄榄树

智慧女神雅典娜不仅美丽聪明,而且具有超人的智慧。她发明了农具,驯服了牛羊,教人们纺纱织布、制车造屋,让人们过上安居乐业的生活。她得到了人们的尊敬和爱戴。正因为人们太爱戴雅典娜,反而引来了海神波塞东的嫉妒,他要与雅典娜一争高下。众神前来协调,可高傲的波塞东还是坚持与雅典娜比试。无奈之下,众神商定:谁能给人类提供一样最有用的东西,谁就是胜利者。

波塞东用他的三叉戟敲打地面,结果造出了一匹健壮的赤兔马。他很神气地说:"它既漂亮,又迅捷;既能拉重车,又能在战争中获得胜利。"而雅典娜用手中的长枪轻轻地敲了一下城堡,过了一会儿,城堡里长出一棵橄榄树。它能够提供火苗照亮黑夜;能够消除创伤;能够既是精美的食品,又是一种精力之源,而且象征着和平。人们认为橄榄树对人类有更大用处，因此，雅典娜获得了胜利，并且用自己的名字给这个城市命名，还赢得了这个地区的统治权。那棵古希腊卫城内生长的橄榄树就被人们用墙围起来，并由忠诚献身于橄榄树的卫士们守卫着。当敌人接近时，所有的公民就聚集在围墙内，紧紧地围着这棵橄榄树，直到危险过去。后来在米提亚战争中，在古希腊卫城及这棵圣树被薛西斯一世烧毁后，雅典人返回这座城市寻找这些被毁的遗迹，而那棵由雅典娜女神所植的橄榄树则已生出新根，它终于战胜了毁灭，使自己成为不朽的象征。

5. 古代奥运会的唯一奖品——橄榄枝

奥运会的起源地——希腊，是一个文明古国。希腊人民对橄榄树有着特别的感情，因为它象征着智慧、和平和胜利。在古代奥运会上，获胜者的唯一奖品就是一枝橄榄枝。从2004年希腊奥运会的会标和获胜者领奖时头顶戴的橄榄枝花环可见橄榄树在希腊人民心中的地位和重要性。

6. 橄榄油的用法

21世纪人类食品的最大特点是追求自然。在食用油方面，食用植物油的需求不断增长，而橄榄油以其独特的理化指标与保健功能逐步成为新世纪理想的食用油。在西方很多国家已普遍使用橄榄油，如果拿普通色拉油和橄榄油比较，普通色拉油呈透明黄色，闻起来有明显的油脂味，入锅后有少许青烟；橄榄油颜色黄中透绿，闻着有股诱人的清香，入锅后一种蔬果香味贯穿炒菜的全过程，它不会破坏蔬菜的颜色，也没有任何油腻感。

1）用橄榄油煎炸

与草本植物油不同，橄榄油因为具有抗氧性能和很高的不饱和脂肪酸含量，其在高温下化学结构仍能保持稳定。使用普通食用油时，当油温超过了烟点时，油及脂肪的化学结构就会发生变化，产生易致癌物质。橄榄油的烟点为240℃~270℃，这已经远高于其他常用食用油的烟点值，因此橄榄油能反复使用不变质，是最适合煎炸的油类。

2）用橄榄油烧烤

橄榄油同样适合用来烧、烤、煎、熬。使用橄榄油烹调时，食物会散发出诱人的香味，令人垂涎。特别推荐使用橄榄油制作鸡蛋炒饭或烧烤食物。

3）用橄榄油制作酱料和调味品

使用酱料的目的是调出食物的味道，而不是掩盖它。橄榄油是做冷酱料和热酱料最好的油脂原料，它可保护新鲜酱料的色泽。

4）用橄榄油腌制食物

在烹制食物前先用橄榄油腌制，可增添食物的细致口感，还可烘托其他香料的丰富口感。

5）直接使用橄榄油

直接使用橄榄油时，会使菜肴的特点发挥到极致。可以像用盐那样用橄榄油，因为橄榄油会使菜肴口感更丰富、滋味更美妙。还可以将橄榄油加进任何菜肴里，用来平衡柠檬汁、红酒醋、葡萄酒、番茄等的较高的酸度。它还能使食物中的各种调料吃起来更和谐，如果在放了调味品的菜肴里加一些橄榄油，菜的味道会更好。榨橄榄油还可以使食物更香、更滑，味道更醇厚。

6）用橄榄油烘焙

橄榄油还适合烘焙面包和甜点，用橄榄油烘焙的面包和甜点远比用奶油烘焙的味道好。

7）用橄榄油煮饭

煮饭时倒入一匙橄榄油，可使米饭更香，且米粒饱满。

研究表明，橄榄油还具有以下营养保健作用：

（1）橄榄油能够降低胆固醇，防止心血管疾病的发生。橄榄油对由胆固醇浓度过高引起的动脉硬化以及动脉硬化并发征、高血压、心脏病、心力衰竭、肾衰竭、脑出血等疾病均有非常明显的防治功效。

（2）橄榄油能够改善消化系统功能。橄榄油有助于减少胃酸，防止发生胃炎、十二指肠溃疡等疾病，提高胃、脾、肠、肝和胆管的功能。橄榄油可刺激胆汁分泌，预防胆结石，减少胆囊炎的发生。橄榄油具有温和轻泄剂的作用，早晨空腹服用两汤勺橄榄油对缓解慢性便秘具有意想不到的功效。

（3）能够防止大脑衰老，预防早老性痴呆。橄榄油有助于增强人体对矿物质，如磷、锌、钙等的吸收，减少类风湿关节炎的发生。

（4）橄榄油对一些类型的恶性肿瘤如前列腺癌、乳腺癌、肠癌、鳞状细胞和食道癌有抑制作用。

（5）橄榄油能够保护皮肤，尤其能够防止皮肤损伤和衰老，使皮肤具有光泽。

（6）对于肥胖者来说，经常食用橄榄油能更好地控制体重。

八、课后作业

1. 查找网络或相关书籍

（1）什么是华道夫沙拉？

（2）华道夫沙拉有几种制作方法？

（3）沙拉酱的制作原理是什么？

（4）沙拉酱在储存方面应注意什么？

（5）沙拉酱在制作过程中出现脱油现象时应如何正确处理？

2. 练习

在课余或周末为你的家人制作一份华道夫沙拉，并让家人写出品尝感受。

单元二　组合沙拉的制作

单元导读

一、单元内容

组合沙拉是由两种或多种不同类别的原料、采用不同的烹调方法将原料加工成熟制成的沙拉。例如：熟鸡肉和蔬菜或水果组合制成鸡肉沙拉。这类沙拉习惯将单一原料作为主体菜，并将主要原料定为菜品的名称。也可以将3种以上的主要原料作为主体菜，用于具有特殊意义的宴会，例如在结婚庆典宴会上可以选择海鲜什锦沙拉（seafood combination salad），其是将煮蟹钳肉、煎扇贝和金枪鱼等3种以上主要原料组合搭配各种蔬菜和水果制成，以烘托喜庆气氛。

在西餐冷菜中，组合沙拉常用于开胃菜、主菜沙拉和甜食沙拉，它的原料品种及数量搭配没有具体规定，但是，它们的味道、营养、颜色和质地必须适当组合在一起，相互补充和衬托。这类沙拉的原料选择范围很广，常用土豆、火腿、米饭、禽肉、意大利面、海鲜、禽蛋和各种水果。组合沙拉大都具有色泽鲜艳、外形美观、鲜嫩爽口、解腻开胃的特点。

二、单元简介

本单元介绍的是组合沙拉的制作方法，主要由基础米饭沙拉的制作、法式尼斯沙拉的制作、夏威夷鸡肉沙拉的制作、厨师沙拉的制作4个任务组成。

三、单元要求

本单元的任务要在与酒店厨房工作岗位一致的实训环境中完成。学生通过实际实训，能够进一步适应西餐冷菜厨房的工作环境；能够按照西餐冷菜厨房岗位工作流程完成任务，并在工作中培养合作意识、安全意识和卫生意识。

四、单元目标

了解组合沙拉的特点、原料与种类，初步掌握组合沙拉的制作方法，熟悉组合沙拉的制作要求，并能够在实际工作岗位中应用。

一、任务描述

[内容描述]

基础米饭沙拉(rice salad)是西餐冷菜中一种比较重要的沙拉,它制作简单,品种多样,口味清爽,用途广泛,一般常用于西式冷餐自助餐。它不仅可以作为主菜沙拉,还可以作为开胃沙拉在餐前食用。除此以外,基础米饭沙拉通过添加不同的配料,还常常用来作为很多菜肴的馅料。因此,不仅要掌握基础米饭沙拉的制作工艺,更要学习和了解它的不同用途。

[学习目标]

(1)能够正确使用相关工具设备,合理运用加工方法和成形技法。

(2)能按照基础米饭沙拉的制作流程在规定时间内完成菜品的制作。

(3)养成良好的卫生习惯并自觉遵守行业规范。

 二、相关知识

西方人的主食以土豆、面包为主,以面条和大米为辅,大米吃得最少,一般用来做布丁、沙拉和酿馅的馅料。西方人习惯将大米煮至没有生心并且粒粒分开、不粘连,有些像我国北方的捞饭。

基础米饭沙拉就是将大米洗干净后放入加盐的沸水中煮熟,冷却后将水控干,添加煮熟的各种蔬菜丁或粒,还可以添加各种肉或海鲜类原料,用盐、胡椒粉、柠檬汁和橄榄油调味,配上生菜和装饰料即可。

三、成品标准

米饭煮好后应该粒粒分开,没有硬心;辅料颜色要鲜艳,蔬菜丁不要切得太大;调味要清淡,如图2-1-1所示。

图2-1-1 基础米饭沙拉

四、任务内容

1. 准备制作工具

基础米饭沙拉的制作

制作工具见表2-1-1。

表2-1-1 制作工具

菜板 chopping board	分刀 kitchen knife	料理碗 cooking bowl
餐勺 spoon	细筛 sieve	玻璃碗 glass bowl

2. 准备制作原料

制作原料如图2-1-2所示。

大米 rice	番茄 tomato	柿子椒 paprika
黄瓜 cucumber	胡椒粉 pepper powder	盐 salt

图2-1-2 制作原料

玉兰菜 chicory	柠檬汁 lemon juice	橄榄油 olive oil

图2-1-2 制作原料（续）

3. 制作流程

制作流程如图2-1-3所示。

步骤一：
先把柿子椒去籽、筋，切成玉米粒大小的丁，然后将黄瓜也切成相同规格的丁。
提示：
柿子椒可以用油炸焦后去皮、籽和筋，这样味道更好。黄瓜要把心切掉，以避免加入调料后出水。

步骤二：
将洗干净的大米放入煮沸的盐水中，边煮边搅拌，直至大米粒中没有生心。
提示：
为防止大米沾底，水量要大并不停地搅拌。

图2-1-3 制作流程

步骤三：

把煮好的大米粒过细筛冷却，用扇子扇凉或放入急冻柜，都有助于加速冷却。

提示：

还可以加入其他品种的米和豆类一起煮制以丰富内容。

步骤四：

把黄瓜丁、柿子椒丁、柠檬汁、盐、胡椒粉和橄榄油分别加入米饭中搅拌均匀，调好口味，以待备用。

步骤五：

先把西红柿切成2毫米厚的片，摆放在餐盘中，然后把大小相同的玉兰菜叶切去根部，朝同一方向码放在西红柿片上，最后将拌制好的米饭沙拉用勺子酿在玉兰菜叶上。

提示： 还可以把红腰豆、甜玉米等原料加入米饭沙拉中。

图2-1-3　制作流程（续）

步骤六:
用法香碎或绿生菜叶装饰,最后将台面收拾干净。

注:
基础米饭沙拉因需要不同,其摆盘形式也可根据需要变化。

图2-1-3   制作流程(续)

五、评价标准

要求:独立制作完成基础米饭沙拉,见表2-1-2。

表2-1-2   基础米饭沙拉制作实训评价

时间:_____   姓名:_____   综合评价:_____

内容	要求	配分	互评	教师评价
原料选择	质量好	5分	5( )	5( )
	质量一般		3( )	3( )
	质量不好		1( )	1( )
口味	适中	15分	15( )	15( )
	淡薄		10( )	10( )
	浓厚		5( )	5( )
色泽	适中	10分	10( )	10( )
	清		7( )	7( )
	重		4( )	4( )
汁量	适中	5分	5( )	5( )
	多		3( )	3( )
	少		1( )	1( )
加工时间	适中	10分	10( )	10( )
	过长		7( )	7( )
	过短		3( )	3( )
独立操作	独立	5分	5( )	5( )
	协作完成		3( )	3( )
	指导完成		1( )	1( )

续表

内容	要求	配分	互评	教师评价
卫生	干净	10分	10（　　）	10（　　）
	一般		7（　　）	7（　　）
	差		3（　　）	3（　　）
准备工作	充分	15分	15（　　）	15（　　）
	较差		10（　　）	10（　　）
	极差		5（　　）	5（　　）
下料处理	好	10分	10（　　）	10（　　）
	不当		7（　　）	7（　　）
	差		3（　　）	3（　　）
操作工序	规范	15分	15（　　）	15（　　）
	一般		10（　　）	10（　　）
	不规范		5（　　）	5（　　）
综合成绩	A优	B良	C合格	D待合格
	85–100分	75–85分	60–75分	59分及以下

六、拓展任务

尝试将基础米饭沙拉的部分原料替换，结合应季蔬菜、水果制作一份具有创意的米饭沙拉，并让同学、老师作出评价，见表2–1–3。

表2–1–3　实习训练评价

训练环节	分值	实训要点	学生评价	教师评价	综合评价
制作工具及制作原料准备	15分	准备制作工具及制作原料			
遵守操作工序	15分	合理安排时间和操作顺序,工作规范			
技能操作	40分	切配辅料（10分）			
		加工主料（10分）			
		调味搅拌（10分）			
		完成制作（10分）			

续表

训练环节	分值	实训要点	学生评价	教师评价	综合评价
清洁物品	10分	清洁工具、操作台等			
制作时间	10分	45分钟			
成品菜肴	10分	造型美观、有新意、口味合适			

 七、知识链接

大米的种类

我国和国际市场通常根据粒形和粒质将大米分为籼米、粳米和糯米3类。

1. 籼米

籼米是用籼型非糯性稻谷制成的米。其米粒呈细长或长圆形，长者长度在7毫米以上，蒸煮后出饭率高，黏性较小，米质较脆，加工时易破碎，横断面呈扁圆形，白色透明的较多，也有半透明和不透明的。根据稻谷收获季节，籼米分为早籼米和晚籼米。早籼米米粒宽厚而较短，呈粉白色，腹白大，粉质多，质地脆弱易碎，黏性小于晚籼米，质量较差。晚籼米米粒细长而稍扁平，组织细密，一般为透明或半透明状，腹白较小，硬质粒多，油性较大，质量较好。

在国际市场上，有按籼米米粒的长度将其分为长粒米和中粒米者。长粒米粒形细长，长与宽之比一般大于3，一般为蜡白色透明或半透明状，性脆，油性大，煮后软韧有劲而不黏，食味细腻可口，是籼米中质量最优者。我国广东省生产的齐眉、丝苗和美国的蓝冠等均属长粒米。

中粒米粒形长圆，较长粒米稍肥厚，长宽比为2~3，一般为半透明，腹白多，粉质较多，煮后松散，食味较粗糙，质量不如长粒米。我国两湖、两广、江西、四川等省所产的籼米多属中粒米，美国的齐奈斯也属中粒米。

2. 粳米

粳米是用粳型非糯性稻谷碾制成的米。其米粒一般呈椭圆形或圆形，丰满肥厚，横断面近于圆形，长与宽之比小于2，颜色蜡白，呈透明或半透明状，质地硬而有韧性，煮后黏性、油性均大，柔软可口，但出饭率低。

粳米根据收获季节，分为早粳米和晚粳米。早粳米呈半透明状，腹白较大，硬质粒少，米质较差。晚粳米为白色或蜡白色，腹白小，硬质粒多，品质优。

粳米主要产于我国华北、东北和苏南等地。著名的小站米、上海白粳米等都是优良的粳米。粳米产量远较籼米低。

3. 糯米

糯米又称江米,呈乳白色,不透明,煮后透明,黏性大,胀性小,一般不作主食,多用于制作糕点、粽子、元宵等,以及作酿酒的原料。

糯米也有籼、粳之分。籼糯米一般呈长椭圆形或细长形,乳白不透明,也有呈半透明状的,黏性大;粳糯米一般为椭圆形,乳白色不透明,也有呈半透明状的,黏性大,米质优于籼糯米。

上述3种大米以籼米和粳米尤为重要,尤以籼米的贸易量最大。东南亚、非洲和拉丁美洲以消费籼米为主,尤以长粒米最受欢迎。日本、朝鲜、意大利等国人民喜食粳米。欧洲地区,籼米、粳米均有消费。

在国际市场上,根据稻谷加工程度和加工方法,对大米又有如下分类。

1) 糙米

稻谷经加工仅碾去谷壳后为糙米。糙米是一个完整的果实。糙米一般需经过进一步加工才能食用。糙米的贸易量不大。

2) 白米

糙米经继续加工,碾去皮层和胚(即细糠),基本上只剩下胚乳,即平时食用的白米或大米。我国大米分特等、标准一等、标准二等、标准三等4个级别。

泰国白米指非糯性糙米经加工碾去谷皮的大米,共分100%A级、100%B级、100%C级、5%、10%、15%、20%、25%(上)、25%、35%、45%等11个级别。

3) 蒸谷米

蒸谷米是将稻谷浸在热水中,经蒸汽加热再使之干燥后经碾制而成的大米。蒸谷米刚性增强,出米率较普通稻谷高;谷皮的养分经水浸后渗入大米内部,提高了大米的营养价值;煮食容易,但由于经处理后米色变黄,带有油腥味,故未能被消费者普遍接受。

4) 碎米

大米在加工时被碾碎的部分称为碎米。泰国碎米分为白碎米和小白碎米。

八、课后作业

1. 查找网络或相关书籍

(1) 基础米饭沙拉有什么用途?

(2) 查找并了解其他国家米饭沙拉的制作方法和口味特点(列举3种)

2. 练习

在课余或周末为朋友、家人做一份基础米饭沙拉,并让他们写出品尝感受。

任务二   法式尼斯沙拉的制作

 一、任务描述

[内容描述]

法式尼斯沙拉（Nice salad）是一道具有法国特色的组合沙拉，鸡蛋、金枪鱼肉、土豆、西红柿、扁豆和橄榄是这款沙拉的经典搭配。其制作方法虽然不难，但是原料的前期加工和烹制比较烦琐，鸡蛋、土豆和扁豆要煮熟，西红柿要烫皮，然后将原料切成丝，在餐盘中摆放整齐并配上沙拉酱汁。本任务要求了解法式尼斯沙拉的原料及其加工方法，掌握其制作方法和工艺，能够根据要求制作不同的法式尼斯沙拉。

[学习目标]

（1）能够利用橄榄油、红葡萄酒醋和芥末酱、白糖、盐等调料熟练制作油醋汁。

（2）能够正确使用相关工具设备，合理运用加工方法和成形技法。

（3）能够按照法式尼斯沙拉的制作流程在规定时间内完成菜品的制作。

（4）养成良好的卫生习惯并自觉遵守行业规范。

 二、相关知识

法式尼斯沙拉是传统的法国沙拉，是一道非常有名的法国菜肴，也是一款比较有代表性的组合沙拉。常用的原料有金枪鱼肉、扁豆、土豆、鸡蛋、柿子椒、西红柿、生菜、黄瓜、橄榄、咸鱼柳等，配上法式沙拉酱汁，是备受人们欢迎的夏日午餐或夜宵佳肴。这款沙拉有多种花样，可以利用食品柜里存放的材料随时调制。

三、成品标准

原料切配的规格要一致，摆放对称美观，颜色搭配漂亮，如图2-2-1所示。

图2-2-1　法式尼斯沙拉

四、任务内容

1. 准备制作工具

制作工具见表2-2-1。

法式尼斯沙拉的制作

表2-2-1　制作工具

菜板 chopping board	分刀 kitchen knife	料理碗 cooking bowl
餐勺 spoon	玻璃碗 glass bowl	打蛋器 whisk
沙司盅 sauce cup	—	—

2. 准备制作原料

制作原料如图2-2-2所示。

扁豆
haricot bean

番茄
tomato

柿子椒
paprika

图2-2-2　制作原料

图2-2-2   制作原料（续）

3. 制作流程

制作流程如图2-2-3所示。

步骤一：

将柿子椒、黄瓜切丝；扁豆加洋葱块、香叶在盐水中煮20分钟，冷透，取出后切成8厘米左右的段。西红柿去皮、籽后切角；熟土豆切片备用。

图2-2-3   制作流程

步骤二：

将生菜叶在餐盘中央呈十字形对称摆放，依次在餐盘中对称摆上土豆片、扁豆段、柿子椒丝、西红柿角。最后将金枪鱼肉块和咸鱼柳堆在中央。

要点提示：生菜尽量摆放紧凑。

步骤三：

将煮鸡蛋切成四个角码放在沙拉的上面。

步骤四：

将酱汁充分混合打匀，装入沙司盅或者浇淋在沙拉上面即可。

要点提示：

制作方法参照油醋汁。如果客人不喜欢太酸的口味，可以在酱汁里加入一些白糖来降低酸度。制作完成后将台面收拾干净。

图2-2-3　制作流程（续）

五、评价标准

要求：独立制作完成法式尼斯沙拉，见表2-2-2。

表2-2-2　法式尼斯沙拉制作实训评价

时间：_____　姓名：_____　综合评价：_____

内容	要求	配分	互评	教师评价
原料选择	质量好	5分	5（　　）	5（　　）
	质量一般		3（　　）	3（　　）
	质量不好		1（　　）	1（　　）

续表

内容	要求	配分	互评	教师评价
口味	适中	15分	15（ ）	15（ ）
	淡薄		10（ ）	10（ ）
	浓厚		5（ ）	5（ ）
色泽	适中	10分	10（ ）	10（ ）
	清		7（ ）	7（ ）
	重		4（ ）	4（ ）
汁量	适中	5分	5（ ）	5（ ）
	多		3（ ）	3（ ）
	少		1（ ）	1（ ）
加工时间	适中	10分	10（ ）	10（ ）
	过长		7（ ）	7（ ）
	过短		3（ ）	3（ ）
独立操作	独立	5分	5（ ）	5（ ）
	协作完成		3（ ）	3（ ）
	指导完成		1（ ）	1（ ）
卫生	干净	10分	10（ ）	10（ ）
	一般		7（ ）	7（ ）
	差		3（ ）	3（ ）
准备工作	充分	15分	15（ ）	15（ ）
	较差		10（ ）	10（ ）
	极差		5（ ）	5（ ）
下料处理	好	10分	10（ ）	10（ ）
	不当		7（ ）	7（ ）
	差		3（ ）	3（ ）
操作工序	规范	15分	15（ ）	15（ ）
	一般		10（ ）	10（ ）
	不规范		5（ ）	5（ ）
综合成绩	A优	B良	C合格	D待合格
	85-100分	75-85分	60-75分	59分及以下

六、拓展任务

（1）用油浸的烹调方法将鲜金枪鱼肉加工成熟，代替罐装金枪鱼制作法式尼斯沙拉，并让同学、老师作出评价，见表2-2-3。

表2-2-3　实习训练评价

训练环节	分值	实训要点	学生评价	教师评价	综合评价
制作工具及制作原料准备	15分	准备制作工具及制作原料			
遵守操作工序	15分	合理安排时间和操作顺序，工作规范			
技能操作	40分	切配辅料（10分）			
		加工主料（10分）			
		调味搅拌（10分）			
		完成制作（10分）			
清洁物品	10分	清洁工具、操作台等			
制作时间	10分	50分钟			
成品菜肴	10分	造型美观、有新意，口味合适			

（2）将制作法式尼斯沙拉的原料切配成块或片状，设计制作一份不同摆盘形式的创新法式尼斯沙拉，并让同学、老师作出评价，见表2-2-4。

表2-2-4　实习训练评价

训练环节	分值	实训要点	学生评价	教师评价	综合评价
制作工具及制作原料准备	15分	准备制作工具及制作原料			
遵守操作工序	15分	合理安排时间和操作顺序，工作规范			
技能操作	40分	切配辅料（10分）			
		加工主料（10分）			
		调味搅拌（10分）			
		完成制作（10分）			
清洁物品	10分	清洁工具、操作台等			
制作时间	10分	50分钟			
成品菜肴	10分	造型美观、有新意，口味合适			

七、知识链接

法国菜是西餐中最有地位的菜，是西方文化的一颗明珠。相传16世纪意大利女子Catherine嫁给法兰西国王亨利二世以后，把意大利文艺复兴时期盛行的牛肝脏、黑菌、嫩牛排、奶酪等烹饪方法带到法国，路易十四还曾发起烹饪比赛，即现今流行的蓝带（Corden Bleu）奖。曾任英皇乔治四世和帝俄沙皇亚历山大一世首席厨师的安东尼·凯莱梅写了一本饮食字典（DictionaryofCuisine），成为古典法国菜式的基础。

法国菜的特点是选料广泛，用料新鲜，滋味鲜美，讲究色、香、味、形的配合。其花式品种繁多，重用牛肉、蔬菜、禽类肉、海鲜和水果，特别是蜗牛、黑菌、蘑菇、芦笋、洋百合和龙虾。法国菜烧得比较生，调味喜用酒，菜和酒的搭配有严格规定，如清汤用葡萄酒、火鸡用香槟。法国菜的上菜顺序是，第一道冷盆菜，多为沙丁鱼、火腿、奶酪、鹅肝酱和沙拉等，其次为汤、鱼，再次为禽类肉、蛋类、家畜类肉、蔬菜，然后为甜点和馅饼，最后为水果和咖啡。比较有名的法国菜是鹅肝酱、牡蛎杯、焗蜗牛、马令古鸡、麦西尼鸡、洋葱汤、沙朗牛排、马赛鱼羹。

在世界三大美食之中，法国美食即占有一席之地。法国美食的特色在于使用新鲜的季节性材料，加上厨师个人独特的调理，完成独一无二的艺术佳肴极品，无论视觉上、嗅觉上、味觉上，都达到无与伦比的境界，而在食物的品质服务水准、用餐气氛上，更是要求精致化的整体表现。

法国菜所代表的是精致、浪漫、高雅和昂贵。真正名贵的法国料理，吃一餐可能达到1人7 000元人民币左右，价格全由菜肴的种类而定。由于法国菜极重视原料的新鲜上等，所以国内法国餐厅多半采用空运现吃的方式，吸引了许多老饕慕名而来，也造成了法国菜的价格居高不下的情况。

法国菜的特色是汁多味腴，而吃法国菜必须有精巧的餐具和如画的菜肴以满足视觉，扑鼻的酒香满足嗅觉，入口的美味满足味觉，酒杯和刀叉在宁静安详的空间下交错，则是触觉和味觉的最高享受。这种五官并用的态度，发展出了深情且专注的品味。

近年来，法国菜不断地精益求精，并将以往的古典菜肴推向所谓的新菜烹调法（nouvelle cuisine），其调制的方式讲究风味、天然性、技巧性、装饰和颜色的搭配。法国菜因地理位置的不同，而含有许多地域性菜肴。法国北部畜牧业盛行，各式奶油和乳酪让人食欲大开。法国南部则盛产橄榄、海鲜、大蒜、蔬果和香料。

　　法国菜在材料的选用上较偏好牛肉、小牛肉、羊肉、禽类肉、海鲜、蔬菜、田螺、松露、鹅肝及鱼子酱，而在配料方面采用大量的酒、牛油、鲜奶油及各式香料。在烹调时，火候占了非常重要的一环，如牛、羊肉通常烹调至六七分熟即可；海鲜烹调时须熟度适当，不可过熟。尤其在酱料的制作上，更是特别费功夫。法国菜使用的材料很广泛，无论是高汤、酒、鲜奶油、牛油或各式香料、水果等，都运用得非常灵活。

　　法国是世界葡萄酒、香槟和白兰地的著名产地之一，因此，法国人对于酒在餐饮上的搭配使用非常讲究。如在饭前饮用较淡的开胃酒；食用沙拉、汤及海鲜时，饮用白葡萄酒或玫瑰酒；食用肉类时饮用红葡萄酒；而饭后则饮用少许白兰地或甜酒。另外，香槟多用于庆典，如结婚、生子、庆功的宴会等。

　　法国的奶酪（cheese）也非常有名，种类繁多，依形态分为新鲜而硬的、半硬的、硬的、蓝纹的和烟熏的五大类。通常食用奶酪时会附带面包、干果（例如核桃等）、葡萄等。另外，法国菜非常注重餐具的使用，无论是刀、叉、勺、盘或酒杯，均可衬托出法国菜的高贵气质。

　　法国近年来受经济不景气的冲击及年轻人饮食习惯的改变，传统昂贵而精致的美食整体的价格及水准皆有日益下滑的趋势。越来越少的法国人愿意花天文数字般的价格吃一餐饭。法国的两大权威美食评论宝典《米其林》（Michelin）以及《高特米优》（Gaultmillau）自21世纪以来开始倡导物美价廉的新饮食文化，很多过去高不可攀的餐厅都试着大幅降价以吸引更多的食客。

八、课后作业

1.查找网络或相关书籍

（1）在法国还有哪些知名的沙拉？（至少列举3种）

（2）查找法式尼斯沙拉的由来与典故。

2.练习

在课余或周末尝试将法式尼斯沙拉的原料替换，利用应季蔬菜结合法式尼斯沙拉的制作方法为亲人、朋友制作一款有特色的法式尼斯沙拉，并让他们写出品尝感受。

任务三　夏威夷鸡肉沙拉的制作

一、任务描述

[内容描述]

夏威夷鸡肉沙拉（Hawaii chicken salad）是西餐冷菜中非常典型的一道菜肴。它是将鸡胸肉（鸡腿肉）或整鸡运用煮、煎、烤等烹饪方法加工成熟，去掉鸡皮，将鸡肉切成丁、块、条、片或者撕成丝，加入柠檬汁、盐、胡椒粉等西式调料腌渍入味，再配上菠萝丁加入以沙拉酱为主的冷汁并搅拌均匀，运用摆、堆、围、叠、酿等方法在餐盘上摆出不同的造型，用西红柿、生菜和香草装饰制成。它既可以作为零点菜单上的菜肴，也可以在自助餐上使用。这道菜肴还可以用其他品种的水果或蔬菜等辅料代替菠萝制作出不同风味的沙拉。因此，掌握夏威夷鸡肉沙拉的制作方法，特别是掌握夏威夷鸡肉沙拉的演变特别重要。

[学习目标]

（1）能够利用蛋黄、植物油、芥末酱和盐、胡椒粉、柠檬汁等调料熟练制作夏威夷鸡肉沙拉。

（2）能够正确使用相关工具设备，合理运用加工方法和成形技法。

（3）能够按照夏威夷鸡肉沙拉的制作流程在规定时间内完成菜品的制作。

（4）养成良好卫生习惯并自觉遵守行业规范。

二、相关知识

夏威夷鸡肉沙拉是因为在鸡肉沙拉中添加了菠萝这种水果原料而得名。还有许多西式菜品中使用了菠萝，也被称为夏威夷特色菜肴。例如：有一款用火腿、菠萝和奶酪片摆在面包片上焗制的菜肴称为夏威夷土司（土司是英文toast的音译，也有人称为"多士"，都是指面包片）。

一般情况下，大多数人都比较喜爱烤制的鸡肉沙拉，因为鸡肉经过香料和调料的调味烤熟后风味很独特。当然，也有不少口味清淡的人喜爱煮制的鸡肉沙拉。

煮制鸡肉的注意事项如下：

煮制鸡肉前需要先将鸡肉用盐、胡椒粉腌制半小时，充分腌制入味。煮制鸡肉时还要将杂菜（洋葱、胡萝卜、芹菜）块放入淡盐水中与鸡肉一起煮，以去除腥味，增加香气。煮制完鸡肉后，一定要待鸡肉凉透后再切，否则会切碎，然后将切好的鸡肉用盐、胡椒粉和柠檬汁再次调味，这样就可以保证沙拉的味道。

三、成品标准

要做到菜品造型美观、颜色鲜艳，鸡肉和菠萝要切成1.5厘米左右的丁，以入口大小为宜，主、辅料比例为2∶1，沙拉酱汁薄薄地、均匀地裹着原料，菜品口感软嫩，口味咸鲜微酸甜，清新爽口，如图2-3-1所示。

图2-3-1　夏威夷鸡肉沙拉

四、任务内容

1. 准备制作工具

制作工具见表2-3-1。

夏威夷鸡肉沙拉的制作

表2-3-1　制作工具

菜板 chopping board	分刀 kitchen knife	料理碗 cooking bowl
餐勺 spoon	圆模子 cutter	开罐器 opener

2. 准备制作原料

制作原料如图2-3-2所示。

图2-3-2 制作原料

3. 制作流程

制作流程如图2-3-3所示。

步骤一：
把鸡胸肉用盐、胡椒粉腌制半小时。将煮鸡肉料切配好。

图2-3-3 制作流程

步骤二：

先把腌好的鸡胸肉配上2片香叶、洋葱、胡萝卜、芹菜块和10粒左右的胡椒放入煮开的盐水中，然后等水再开后调成小火再煮20分钟，捞出冷却。

步骤三：

将冷透的鸡胸肉分别切成1厘米厚的片、1厘米宽的条和1~1.5厘米的丁。

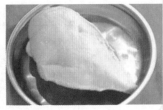

步骤四：

把盐、胡椒粉、柠檬汁放入切好的鸡胸肉丁中进行调味。

要点提示：

鸡胸肉需凉透了再切，否则易切碎。若急用可放入急冻柜冷冻10分钟。

步骤五：

把沙拉酱与调好味的鸡胸肉块搅拌均匀，把罐装菠萝片每片切成8块控干水，加入鸡肉沙拉中间拌均匀。

要点提示：

若想沙拉酱不因被稀释而挂不住原料，影响菜品的质量和口味，需将罐装水果控干水分。

步骤六：

先将圆模具放在餐盘中央，用小勺把搅拌均匀的鸡肉沙拉填在模具里，压实后取出模具。

图2-3-3 制作流程（续）

五、评价标准

要求：独立制作一份夏威夷鸡肉沙拉，见表2-3-2。

表2-3-2　夏威夷鸡肉沙拉制作实训评价

时间：_____　姓名：_____　综合评价：_____

内容	要求	配分	互评	教师评价
原料选择	质量好	5分	5（　　）	5（　　）
	质量一般		3（　　）	3（　　）
	质量不好		1（　　）	1（　　）
口味	适中	15分	15（　　）	15（　　）
	淡薄		10（　　）	10（　　）
	浓厚		5（　　）	5（　　）
色泽	适中	10分	10（　　）	10（　　）
	清		7（　　）	7（　　）
	重		4（　　）	4（　　）
汁量	适中	5分	5（　　）	5（　　）
	多		3（　　）	3（　　）
	少		1（　　）	1（　　）
加工时间	适中	10分	10（　　）	10（　　）
	过长		7（　　）	7（　　）
	过短		3（　　）	3（　　）
独立操作	独立	5分	5（　　）	5（　　）
	协作完成		3（　　）	3（　　）
	指导完成		1（　　）	1（　　）
卫生	干净	10分	10（　　）	10（　　）
	一般		7（　　）	7（　　）
	差		3（　　）	3（　　）
准备工作	充分	15分	15（　　）	15（　　）
	较差		10（　　）	10（　　）
	极差		5（　　）	5（　　）
下料处理	好	10分	10（　　）	10（　　）
	不当		7（　　）	7（　　）
	差		3（　　）	3（　　）

续表

内容	要求	配分	互评	教师评价
操作工序	规范	15分	15（　）	15（　）
	一般		10（　）	10（　）
	不规范		5（　）	5（　）
综合成绩	A优	B良	C合格	D待合格
	85–100分	75–85分	60–75分	59分及以下

六、拓展任务

（1）用烤的烹调方法和蔬菜类配料制作鸡肉沙拉，并让同学、老师作出评价，见表2-3-3。

表2-3-3 实习训练评价

训练环节	分值	实训要点	学生评价	教师评价	综合评价
制作工具及制作原料准备	15分	准备制作工具及制作原料			
遵守操作工序	15分	合理安排时间和操作顺序，工作规范			
技能操作	40分	切配辅料（10分）			
		加工主料（10分）			
		调味搅拌（10分）			
		完成制作（10分）			
清洁物品	10分	清洁工具、操作台等			
制作时间	10分	50分钟			
成品菜肴	10分	造型美观、有新意、口味合适			

（2）用不同的烹调方法、加工方法、配料和摆盘形式设计、制作一份夏威夷鸡肉沙拉，并让同学、老师作出评价，见表2-3-4。

表2-3-4　实习训练评价

训练环节	分值	实训要点	学生评价	教师评价	综合评价
制作工具及制作原料准备	15分	准备制作工具及制作原料			
遵守操作工序	15分	合理安排时间和操作顺序,工作规范			
技能操作	40分	切配辅料(10分)			
		加工主料(10分)			
		调味搅拌(10分)			
		完成制作(10分)			
清洁物品	10分	清洁工具、操作台等			
制作时间	10分	50分钟			
成品菜肴	10分	造型美观、有新意、口味合适			

 七、知识链接

沙拉的酱汁

沙拉虽然是流行于世界各地的冷菜菜肴,不过其酱汁在不同的地方却各不相同。在美国,沙拉的酱汁相对比较丰富,而且使用较为普遍;在西欧,传统的欧洲人更喜欢使用油醋汁;以俄罗斯为代表的东欧国家,偏爱于食用蛋黄酱;在我国,沙拉酱的使用受东欧的影响比较大,通常使用蛋黄酱或者基于蛋黄酱二次加工的专门的沙拉酱,如图2-3-4所示。

图2-3-4　沙拉酱

八、课后作业

1.查找网络或相关书籍

（1）什么是夏威夷鸡肉沙拉?

（2）各个国家的鸡肉沙拉有哪些不同?（最少列举5个）

（3）鸡肉沙拉还有哪些摆盘形式?（最少列举5个）

2.练习

在课余或周末为朋友、家人制作一份夏威夷鸡肉沙拉或蔬菜鸡肉沙拉,并让他们写出品尝感受。

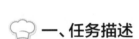

任务四　厨师沙拉的制作

一、任务描述

[内容描述]

厨师沙拉（chef's salad）也叫主厨沙拉，指的是厨师推荐或比较拿手的菜肴。通常是用各种生菜配上烤牛肉、火腿、鸡肉、奶酪、牛舌等主料（切成条、片、块或丁），配上熟土豆、煮鸡蛋、西红柿、黄瓜等应季蔬菜堆摆在餐盘上。沙拉酱汁可以搭配油醋汁或者以马乃司沙司为基础演变制作的千岛汁、法国汁。因为这种沙拉是每家酒店或餐厅主厨推荐的自制拿手沙拉，没有固定的要求，所以厨师沙拉的样式和品种都不大一样，只是尽最大可能展示菜品，让就餐的客人满意。

本任务要求学习者了解制作厨师沙拉的要求、原料和特点，掌握厨师沙拉的制作方法，能够制作不同款式的厨师沙拉。

[学习目标]

（1）能够利用马乃司沙司制作千岛汁。

（2）能够正确使用相关工具设备，合理运用加工方法和成形技法。

（3）能按照厨师沙拉的制作流程在规定时间内完成菜品的制作。

（4）养成良好的卫生习惯并自觉遵守行业规范。

二、相关知识

一般来讲，厨师沙拉是一个西餐厅中主厨推荐的拿手菜、招牌菜，其原料品种丰富，加工制作精致，数量多，适合作为主菜沙拉或夜宵菜品使用，特别适合在炎热的夏季食用，也可以在酒吧作为酒菜。

制作厨师沙拉除了奶酪、煮鸡肉、火腿和烤牛肉4种主要原料以外，还可以用烤鸡肉、煮牛舌或者各种冷切肉来替换，针对不喜爱奶酪的中国客人还可以用嫩豆腐来代替。装饰菜除了用什锦生菜、番茄角，还可以根据主料搭配酸黄瓜、橄榄或者西式泡菜。

奶酪一般分为鲜奶酪、软奶酪、半干奶酪和硬奶酪。鲜奶酪不容易成形，硬奶酪又干又硬，适合刮薄片或擦成粉食用，只有软奶酪和半干奶酪的口感、口味俱佳，又容易切成不同形状，最适合用于厨师沙拉。

三、成品标准

该菜品混合生菜，颜色搭配鲜艳，主要原料的形状要一致并码放整齐，数量要多。酱汁应该是以马乃司沙司为主制作的千岛汁、法国汁等，汁要稍稠点，以方便蘸食，如图2-4-1所示。

图2-4-1　厨师沙拉

四、工作内容

1. 准备制作工具

制作工具见表2-4-1。

厨师沙拉的制作

表2-4-1　制作工具

分刀 kitchen knife	菜板 chopping board	餐勺 spoon
少司盅 sauce cup	打蛋器 whisk	料理碗 cooking bowl
玻璃碗 glass bowl	餐盘 dish plate	—

2. 准备制作原料

制作原料如图2-4-2所示。

图2-4-2   制作原料

法香 parsley	煮鸡蛋、酸黄瓜、花生碎 chopped egg、gherkin、peanut	盐、胡椒粉 salt、pepper powder

图2-4-2　制作原料（续）

3. 制作流程

制作流程如图2-4-3所示。

步骤一：
分别把烤牛肉、奶酪、煮鸡胸肉和火腿切成大小相同的块。
要点提示：
主要原料可用烤牛肉、煮牛舌等。在中国，有很多客人不习惯奶酪，可以换成嫩豆腐。

步骤二：
先后将煮土豆、鲜奶酪、煮鸡胸肉和火腿块围着餐盘中心点整齐地对称摆放好，最后放上西红柿角、酸黄瓜片或鸡蛋角。
要点提示：原料也可以切成条或丁。

图2-4-3　制作流程

步骤三：
先将番茄沙司与马乃司沙司按1∶1的比例搅拌均匀，然后分别加入白兰地、李派林汁、辣根酱、柠檬汁、法香碎和鸡蛋、酸黄瓜、花生碎混匀，用盐和胡椒粉调味即可。
要点提示：
也可以用油醋汁或法国汁代替千岛汁。

步骤四：
最后将千岛汁倒入沙司盅，撒上法香碎即可配菜肴食用。

图2-4-3　制作流程（续）

🍳 五、评价标准

要求：独立制作完成厨师沙拉，见表2-4-2。

表2-4-2　厨师沙拉制作实训评价

时间：_____　姓名：_____　综合评价：_____

内容	要求	配分	互评	教师评价
原料选择	质量好	5分	5(　　)	5(　　)
	质量一般		3(　　)	3(　　)
	质量不好		1(　　)	1(　　)

续表

内容	要求	配分	互评	教师评价
口味	适中	15分	15（　　）	15（　　）
	淡薄		10（　　）	10（　　）
	浓厚		5（　　）	5（　　）
色泽	适中	10分	10（　　）	10（　　）
	清		7（　　）	7（　　）
	重		4（　　）	4（　　）
汁量	适中	5分	5（　　）	5（　　）
	多		3（　　）	3（　　）
	少		1（　　）	1（　　）
加工时间	适中	10分	10（　　）	10（　　）
	过长		7（　　）	7（　　）
	过短		3（　　）	3（　　）
独立操作	独立	5分	5（　　）	5（　　）
	协作完成		3（　　）	3（　　）
	指导完成		1（　　）	1（　　）
卫生	干净	10分	10（　　）	10（　　）
	一般		7（　　）	7（　　）
	差		3（　　）	3（　　）
准备工作	充分	15分	15（　　）	15（　　）
	较差		10（　　）	10（　　）
	极差		5（　　）	5（　　）
下料处理	好	10分	10（　　）	10（　　）
	不当		7（　　）	7（　　）
	差		3（　　）	3（　　）
操作工序	规范	15分	15（　　）	15（　　）
	一般		10（　　）	10（　　）
	不规范		5（　　）	5（　　）
综合成绩	A优	B良	C合格	D待合格
	85~100分	75~85分	60~75分	59分及以下

六、拓展任务

要求：尝试独立制作一份厨师沙拉并请老师或同学作出评价，见表2-4-3。

表2-4-3　实习训练评价

训练环节	分值	实训要点	学生评价	教师评价	综合评价
制作工具及制作原料准备	15分	准备制作工具及制作原料			
遵守操作工序	15分	合理安排时间和操作顺序，工作规范			
技能操作	40分	切配辅料（10分）			
		加工主料（10分）			
		调味搅拌（10分）			
		完成制作（10分）			
清洁物品	10分	清洁工具、操作台等			
制作时间	10分	45分钟			
成品菜肴	10分	造型美观、有新意，口味合适			

七、知识链接

1. 西餐中常用香草的种类

鼠尾草（图2-4-4）：属紫苏科植物，有青草味和苦味，与忌廉或鲜忌廉的味道非常相配，用它做的鼠尾忌廉酱是调味的代表。

迷迭香（图2-4-5）：和罗勒一样，是意大利最具代表性的香草。其特征是有略带苦味的清香，可去除肉类的腥味，但由于气味较重，要控制使用分量。

图2-4-4　鼠尾草

图2-4-5　迷迭香

罗勒（图2-4-6）：是意大利最常见的香草，其气味清爽略甜，常用于香草酱中，和番茄、奶酪的味道很相配，做薄饼时少不了它。

薄荷（图2-4-7）：是原产地中海的紫苏科植物，有较刺激的香味，通常多用于甜食装饰。

图2-4-6 罗勒

图2-4-7 薄荷

百里香（图2-4-8）：有清爽甘甜的香气，与海鲜、肉类及橙味酱汁十分相配。由于它即使长时间烹调也不失香味，因此非常适用于炖煮或烤烘。

虾黄葱（图2-4-9）：又称作西洋胡葱或细香葱，虽葱属的一科，但味道较温和，切碎后可用作食物的装饰，以增添颜色。

图2-4-8 百里香

图2-4-9 虾黄葱

2. 西餐中香草的用法

罗勒、迷迭香及鼠尾草是意大利菜烹调中不可缺少的材料，通常一道菜只要加上些香草，便可令食物风味尽现。

香草盛产于地中海沿岸地区，尤其在意大利和希腊，从古代已经常将香草用于烹调。而且，除了食用外，香草也常用于宗教仪式及医疗。人们长期把香草用于烹饪，慢慢累积下来的经验使人们知道不同的材料应配什么香草。

　　香草最大的作用是把食物的鲜味释放出来,令整道菜肴更加美味。例如在烤肉前,先让香草的味道渗入油中再煎肉,或把香草和盐混合撒在肉上再烤。当然,哪一种香草应该配哪一种食物,或怎样烹调最好,没有硬性规定。香草的应用可说是个人的喜好,如果对此不熟悉,可先用少量进行尝试,多试几次就能掌握其中的诀窍。

🧑‍🍳 八、课后作业

1. 查找网络或相关书籍

（1）什么是厨师沙拉?

（2）厨师沙拉有什么用途?

（3）如何制作千岛汁?

2. 练习

在课余或周末为朋友、家人制作一份厨师沙拉搭配千岛汁,并让他们写出品尝感受。

单元三　基础开胃头盘
沙拉的制作

单元导读

一、单元内容

开胃菜（appetizers）也称作开胃品、头盘或餐前小食品。它包括各种小份额的冷开胃菜、热开胃菜和开胃汤等。它是西餐中的第一道菜肴或主菜前的开胃食品，有部分一般开胃菜还适合在酒会或者冷餐会上使用，例如酿馅鸡蛋（stuffed egg/deviled egg）、意大利番茄奶酪盘（mozzarella cheese with tomato）等。开胃菜的特点是菜肴数量少，味道清新，色泽鲜艳，带有酸味和咸味，具有开胃和刺激食欲的作用。本单元仅从西餐冷菜厨房的工作内容出发，学习一般冷开胃菜的制作方法。

二、单元简介

本单元介绍的是基础开胃头盘沙拉的制作方法，主要由烟熏三文鱼头盘的制作、意式鲜酪头盘的制作、意式生牛肉头盘的制作、酿鸡蛋花的制作4个任务组成。

三、单元要求

本单元的任务要在与酒店厨房工作岗位一致的实训环境中完成。学生通过实际实训，能够进一步适应西餐冷菜厨房的工作环境；能够按照西餐冷菜厨房岗位工作流程完成任务，并在工作中培养合作意识、安全意识和卫生意识。

四、单元目标

了解基础开胃头盘沙拉制作的特点、原料与种类，初步掌握基础开胃头盘沙拉的制作方法，熟悉基础开胃头盘沙拉的制作要求，并能够在实际工作岗位中应用。

烟熏三文鱼头盘的制作

 一、任务描述

[内容描述]

　　头盘沙拉在制作过程中将味道独特、加工好的主要原料摆出好看的造型,例如鹅肝、大虾、鱼柳等,与辅助原料、调料拌制均匀后,运用摆、堆、围、卷、叠的方法制作完成,再搭配什锦生菜和冷汁的开胃菜肴即可食用。头盘沙拉有两种制作方法:其一,由西餐冷菜厨房独立完成;其二,由西餐冷菜厨房制作生菜盘头,由西餐热菜厨房完成主要原料的加工制作。头盘沙拉是西餐中的传统菜肴,具有打开食欲、刺激胃口的重要作用。因此,数量小、质量高、味道独特、颜色鲜艳是头盘沙拉的特点。由于这种沙拉是一餐的第一道菜肴,因此要为客人留下好的印象。例如烟熏三文鱼头盘(smoked salmon plate)、扒扇贝沙拉等都属于头盘沙拉。

[学习目标]

　　(1)能够熟练使用淡奶油、柠檬汁和辣根酱、盐等调料制作奶油辣根汁。

　　(2)能够熟练运用相关工具设备、加工方法和成形技法。

　　(3)能够依照烟熏三文鱼头盘的制作流程在规定时间内制作完成菜品。

　　(4)形成良好的卫生习惯并自觉遵守行业规范。

 二、相关知识

　　烟熏三文鱼头盘在制作过程中,先将制作好的什锦生菜沙拉摆放在餐盘中,然后将烟熏三文鱼柳切成1~2毫米厚的薄片,把鱼片卷成玫瑰花状围着什锦生菜沙拉摆3~4朵,再配上奶油辣根汁,最后装饰上柠檬片或角、西红柿角和莳萝即可。

三文鱼的挑选方法如下：

三文鱼和其他鱼类一样，要保持新鲜。看三文鱼新鲜与否，可以从口感、手感和颜色等方面来观察。

颜色：新鲜的三文鱼会有种隐隐流动的光泽，带着润泽的感觉。不新鲜的三文鱼无光泽且暗淡无光。如果买原条三文鱼，最好掰开三文鱼的鳃来观察判断，新鲜的三文鱼的鳃是鲜红的，否则是发黑的。

手感：新鲜的三文鱼摸上去是有弹性的，按下去会慢慢回弹。不新鲜的三文鱼摸上去则是木木的，没有弹性。

口感：新鲜的三文鱼放入口中会有结实饱满、鱼油丰盈的化口感。不新鲜的三文鱼，入口则会有散身和霉烂之感。

另外，如果去批发市场买原条三文鱼，最好挑当日到的冰鲜鱼。在市场里经常有一些无良销售商把当日卖不完的三文鱼放入冷库，第二日再解冻重新拿出来卖。三文鱼经过多次解冻后，会加剧蛋白质的分解，卫生和质量都令人担忧。

🍳 三、成品标准

本菜品（图3-1-1）中三文鱼片最好控制在2毫米以内；将鱼皮一侧的肉向上卷在里侧，把颜色鲜艳的一面向外；什锦生菜沙拉的颜色要搭配漂亮、形状摆放要美观；奶油辣根汁不要放盐，要多放柠檬汁；摆盘时要协调各部分相互间的位置和距离。

图3-1-1　烟熏三文鱼头盘

四、任务内容

厨师沙拉的制作

1. 准备制作工具

制作工具见表3-1-1。

表3-1-1　制作工具

菜板 chopping board	分刀 kitchen knife	料理碗 cooking bowl
餐勺 spoon	打蛋器 whisk	餐盘 dish plate

2. 准备制作原料

制作原料如表3-1-2、图3-1-2所示。

表3-1-2　制作原料

烟熏三文鱼 smoked salmon	什锦生菜 mixed lettuce	柠檬汁 lemon juice
淡奶油 whipping cream	辣根酱 horseradish	莳萝 dill
油醋汁 vinaigrette	西红柿 tomato	—

烟熏三文鱼
smoked salmon

什锦生菜
mixed lettuce

柠檬汁
lemon juice

淡奶油
whipping cream

辣根酱
horseradish

莳萝
dill

图3-1-2　制作原料

3. 制作流程

制作流程如图3-1-3所示。

步骤一：
先将烟熏三文鱼用刀片成1毫米厚的片。

步骤二：
将三文鱼片平放在菜板上，鱼皮一侧向上，并从三文鱼腹部一端向另一端卷成玫瑰花状。
要点：要切掉鱼皮一侧的深色鱼肉。

步骤三：
把加工好的什锦生菜沙拉呈高塔状摆放在餐盘中央，颜色鲜艳的生菜放在最外面。

步骤四：
把卷制好的鱼卷按一定的方向呈"品"字形围着什锦生菜沙拉摆放整齐。

步骤五：
把淡奶油与辣根酱和柠檬汁搅拌均匀。

步骤六：
把制好的奶油辣根汁用餐勺舀起放在餐盘的一角，并在酱汁的上面放一小朵鲜莳萝装饰。

步骤七：
将制作好的油醋汁淋在什锦生菜沙拉周围即可。最后保持操作台干净卫生。

图3-1-3 制作流程

五、评价标准

要求：独立制作完成烟熏三文鱼头盘，见表3-1-3。

表3-1-3 烟熏三文鱼头盘制作实训评价

时间：_____ 姓名：_____ 综合评价：_____

内容	要求	配分	互评	教师评价
原料选择	质量好	5分	5( )	5( )
	质量一般		3( )	3( )
	质量不好		1( )	1( )
口味	适中	15分	15( )	15( )
	淡薄		10( )	10( )
	浓厚		5( )	5( )
色泽	适中	10分	10( )	10( )
	清		7( )	7( )
	重		4( )	4( )
汁量	适中	5分	5( )	5( )
	多		3( )	3( )
	少		1( )	1( )
加工时间	适中	10分	10( )	10( )
	过长		7( )	7( )
	过短		3( )	3( )
独立操作	独立	5分	5( )	5( )
	协作完成		3( )	3( )
	指导完成		1( )	1( )
卫生	干净	10分	10( )	10( )
	一般		7( )	7( )
	差		3( )	3( )

续表

内容	要求	配分	互评	教师评价
准备工作	充分	15分	15（　）	15（　）
	较差		10（　）	10（　）
	极差		5（　）	5（　）
下料处理	好	10分	10（　）	10（　）
	不当		7（　）	7（　）
	差		3（　）	3（　）
操作工序	规范	15分	15（　）	15（　）
	一般		10（　）	10（　）
	不规范		5（　）	5（　）
综合成绩	A优	B良	C合格	D待合格
	85-100分	75-85分	60-75分	59分及以下

六、拓展任务

（1）灵活运用烟熏三文鱼头盘的制作方法，突出头盘沙拉的特点，根据自己的喜好制作一份简单开胃菜——鸡肝头盘沙拉，结合学习过的沙拉制作方法进行原料和烹饪方法的演变，见表3-1-4。

表3-1-4　实习训练评价

训练环节	分值	实训要点	学生评价	教师评价	综合评价
制作工具及制作原料准备	15分	准备制作工具及制作原料			
遵守操作工序	15分	合理安排时间和操作顺序，工作规范			
技能操作	40分	切配辅料（10分）			
		加工主料（10分）			
		调味搅拌（15分）			
		完成制作（5分）			
清洁物品	10分	清洁工具、操作台等			
制作时间	10分	50分钟			
成品菜肴	10分	咸鲜、微酸			

（2）根据自己的喜好设计制作一份简单开胃菜——煎金枪鱼头盘沙拉，要求结合学习过的沙拉和沙司的制作方法进行演变，协调菜品造型、主料和各原料之间的搭配，见表3-1-5。

表3-1-5　实习训练评价

训练环节	分值	实训要点	学生评价	教师评价	综合评价
制作工具及制作原料准备	15分	准备制作工具及制作原料			
遵守操作工序	15分	合理安排时间和操作顺序，工作规范			
技能操作	30分	切配辅料（5分）			
		加工主料（5分）			
		调味搅拌（10分）			
		完成制作（10分）			
清洁物品	10分	清洁工具、操作台等			
制作时间	10分	50分钟			
口味	10分	酸甜、咸鲜			
创新度	10分	口味、造型能够在原有菜品的基础上有一定的变化			

七、知识链接

三文鱼（图3-1-4）又称鲑鱼，属于洄游类鱼科，由香港人的洋泾滨英语"salmon"音译而来。三文鱼属于世界名贵鱼类，具有鳞小刺少、肉色橙红、肉质细嫩鲜美、口感爽滑等特点，既可直接生食，又能烹制菜肴，是深受人们喜爱的鱼类之一。由它制成的鱼肝油营养丰富。三文鱼体侧扁，背部隆起，齿尖锐，鳞片细小，呈银灰色，在产卵期有橙色条纹。三文鱼肉质紧密鲜美，肉为粉红色并具有弹性。太平洋北部及欧洲、亚洲、美洲的北部地区都有三文鱼分布。

图3-1-4　三文鱼

　　三文鱼是冷水鱼类,生长在加拿大、挪威、日本和美国等高纬度地区。三文鱼以挪威产量最大,名气也最大,但美国的阿拉斯加海域和英国的英格兰海域产的三文鱼质量最好。三文鱼在西餐制作中较常使用。中国产的大马哈鱼属于鲑鱼的一种,也属于洄游类鱼科,每年的9—10月,它们便成群结队从海洋进入江河产卵,这几个月份也是捕捞大马哈鱼的最好时机,其产地一般在黑龙江、乌苏里江以及松花江上游一带。

　　大西洋三文鱼是溯河产卵的鱼类,即野生三文鱼产卵时自然地迁移到淡水中,其他时候则生活在海洋中。对大部分垂钓者来说,捕捞野生三文鱼是受到限制的。大多数三文鱼生长在海边养殖场,由河流里的三文鱼卵孵化而生。新鲜或冷冻的切片、鱼片或原条是三文鱼最通常的出售方式。三文鱼的制作方式有腌制、冷熏、热熏3种。新鲜三文鱼可作为生鱼片和寿司生吃,也可采用中国菜肴的煮、炸、烤方式加以烹制。其他食物如三明治、沙拉、面食也可以和腌制三文鱼搭配组合。

八、课后作业

　　1.查找网络或相关书籍

　　(1)什么是头盘沙拉?

　　(2)什么是烟熏三文鱼头盘?

　　(3)用制作烟熏三文鱼头盘的方法,还可以制作哪些头盘沙拉?(最少列举3种)

　　2.练习

　　在课余或周末为朋友、家人制作两种不同形式的烟熏三文鱼头盘,并让他们写出品尝感受。

意式鲜酪头盘的制作

一、任务描述

[内容描述]

意式鲜酪头盘（Mozzarella cheese with tomato）是一道具有典型意大利特色的西餐冷菜沙拉。这种沙拉具有口味清淡、爽口、奶酪软嫩新鲜的特点，再与清香的番茄、罗勒和酸香美味、营养丰富的油醋汁一起搅拌均匀后，在餐盘中摆出不同的造型，深受顾客们的欢迎。这种沙拉具有3种呈现形式：其一，可以作为一餐中最重要的开胃沙拉；其二，可以在炎炎夏日作为主菜沙拉； 其三，可以加工成不同形状，与番茄等原料搭配，在酒会或者宴会中作为小吃出现。因此，它是西餐冷菜沙拉中非常重要的一道菜。

[学习目标]

（1）能够熟练掌握橄榄油、红葡萄酒醋和芥末酱、白糖、盐等调料熟练制作油醋汁。

（2）能够熟练运用相关工具设备、加工方法和成形技法。

（3）依照意式番茄奶酪头盘的制作流程在规定时间内制作完成菜品。

（4）形成良好的卫生习惯并自觉遵守行业规范。

二、相关知识

意式鲜酪头盘在制作过程中使用意大利传统的马苏里拉鲜奶酪（Mozzarella cheese）球切成片，然后配上颜色鲜红的番茄片和油绿的罗勒叶，使其红、白、绿三色相间，再淋上用特级初榨橄榄油和红葡萄醋制作的油醋汁，最后堆摆上什锦生菜团，一份地道美味的沙拉即制作完成。这道菜中三种主料的颜色和意大利国旗的颜色一样，因此被称为意大利的国菜。

马苏里拉鲜奶酪是制作意式鲜酪头盘通常使用的奶酪。这种鲜奶酪的制作过程是先将水牛和奶牛的奶混合后制成鲜奶酪，然后放入热水中搓揉，再将其剥成适当大小的新鲜软奶酪球。因为不含盐分，所以马苏里拉鲜奶酪经常泡在水中，食用时要与盐、胡椒粉和橄榄油搅拌均匀进行调味。

 三、成品标准

本菜品（图3-2-1）颜色鲜艳，红、白、绿相间，有光泽；原料摆放均匀整齐，呈圆圈状； 具有浓郁的奶油清香味及酸、咸适中的口感，品尝起来绵软细腻。

图3-2-1　意式鲜酪头盘

 四、任务内容

1. 准备制作工具

制作工具见表3-2-1。

意式鲜酪头盘的制作

表3-2-1　制作工具

菜板 chopping board	分刀 kitchen knife	料理碗 cooking bowl
餐勺 spoon	打蛋器 whisk	玻璃碗 glass bowl

2. 准备制作原料

制作原料如表3-2-2、图3-2-2所示。

表3-2-2　制作原料

鲜奶酪 mozzarella cheese	西红柿 tomato	罗勒 basil
混合生菜 mixlettuce	胡椒粉 pepper	盐 salt
红葡萄酒醋 red wine vinegar	橄榄油 oliveoil	—

马苏里拉鲜奶酪 mozzarella cheese	橄榄油 olive oil	罗勒 basil

图3-2-2　制作原料

3. 制作流程

制作流程如图3-2-3所示。

步骤一：
把西红柿洗干净后切成1～2毫米厚的片，随后将菜板整理干净。

步骤二：
把马苏里拉鲜奶酪球切成2毫米左右的厚片。

步骤三：
将切好片的奶酪和西红柿按照一片西红柿、一片罗勒叶、一片奶酪的顺序在餐盘中摆放一圈。

步骤四：
把混合生菜包成一团放在沙拉中间的凹陷处，将颜色鲜艳的原料向上面摆放。

图3-2-3　制作流程

步骤五：
先将红葡萄酒醋、盐、胡椒粉搅拌均匀，随后边加橄榄油边抽打，直到完全相溶。

步骤六：
将罗勒叶切成细丝，然后放入汁中搅拌均匀，制成油醋汁。

步骤七：
将制作好的油醋汁浇在奶酪盘上，混合生菜也要浇汁。随后将操作台收拾干净。
提示：浇完汁后会在盘子边上遗撒少量汁水，一定要用餐巾纸擦干净，以保证餐盘干净。

图3-2-3　制作流程（续）

五、评价标准

要求：独立制作完成意式鲜酪头盘，见表3-2-3。

表3-2-3　意式鲜酪头盘制作实训评价

时间：_____　姓名：_____　综合评价：_____

内容	要求	配分	互评	教师评价
原料选择	质量好	5分	5（　）	5（　）
	质量一般		3（　）	3（　）
	质量不好		1（　）	1（　）

续表

内容	要求	配分	互评	教师评价
口味	适中	15分	15（　　）	15（　　）
	淡薄		10（　　）	10（　　）
	浓厚		5（　　）	5（　　）
色泽	适中	10分	10（　　）	10（　　）
	清		7（　　）	7（　　）
	重		4（　　）	4（　　）
汁量	适中	5分	5（　　）	5（　　）
	多		3（　　）	3（　　）
	少		1（　　）	1（　　）
加工时间	适中	10分	10（　　）	10（　　）
	过长		7（　　）	7（　　）
	过短		3（　　）	3（　　）
独立操作	独立	5分	5（　　）	5（　　）
	协作完成		3（　　）	3（　　）
	指导完成		1（　　）	1（　　）
卫生	干净	10分	10（　　）	10（　　）
	一般		7（　　）	7（　　）
	差		3（　　）	3（　　）
准备工作	充分	15分	15（　　）	15（　　）
	较差		10（　　）	10（　　）
	极差		5（　　）	5（　　）
下料处理	好	10分	10（　　）	10（　　）
	不当		7（　　）	7（　　）
	差		3（　　）	3（　　）
操作工序	规范	15分	15（　　）	15（　　）
	一般		10（　　）	10（　　）
	不规范		5（　　）	5（　　）
综合成绩	A优	B良	C合格	D待合格
	85～100分	75～85分	60～75分	59分及以下

六、拓展任务

（1）根据自己的喜好，独立制作出3种不同形式的意式鲜酪头盘，并让同学、老师作出评价，见表3-2-4。

表3-2-4　实习训练评价

训练环节	分值	实训要点	学生评价	教师评价	综合评价
制作工具及制作原料准备	15分	准备制作工具及制作原料			
遵守操作工序	15分	合理安排时间和操作顺序，工作规范			
技能操作	40分	切配辅料（10分）			
		加工主料（10分）			
		调味搅拌（10分）			
		完成制作（10分）			
清洁物品	10分	清洁工具、操作台等			
制作时间	10分	45分钟			
成品菜肴	10分	造型美观、有新意，口味合适			

（2）灵活运用意式鲜酪头盘的主要原料，突出开胃菜肴的特点，根据自己的喜好，制作一份简单餐前开胃菜或酒会小吃，比如意式番茄奶酪串，要求结合学习过的沙拉制作方法进行形状的演变，见表3-2-5。

表3-2-5　实习训练评价

训练环节	分值	实训要点	学生评价	教师评价	综合评价
制作工具及制作原料准备	15分	准备制作工具及制作原料			
遵守操作工序	15分	合理安排时间和操作顺序，工作规范			
技能操作	40分	切配辅料（10分）			
		加工主料（10分）			
		调味搅拌。（15分）			
		完成制作（5分）			
清洁物品	10分	清洁工具、操作台等			
制作时间	10分	15分钟			
成品菜肴	10分	造型美观、有新意，口味合适			

七、知识链接

1. 意大利的菜系

意大利半岛形如长靴，南、北部的气候、风土有很大的差异，各个地方因长期独立发展，逐渐产生独特的地方菜系。意大利饮食烹调具有简单、自然、质朴的特点，地方菜按烹调方式不同而分成四个派系，即北意大利菜系、中意大利菜系、南意大利菜系和小岛菜系。

北意大利菜系：面粉和鸡蛋是其面食的主要材料，面条中尤以宽面条以及千层面最著名。此外，意大利北部盛产中、长稻米，多用于烹调意式多梭饭和米兰式利梭多饭，当地人喜欢使用牛油烹调食物。

中意大利菜系：以多斯尼加和拉齐奥两个地方为代表，特产为多斯尼加牛肉、朝鲜蓟和柏高连奴芝士。

南意大利菜系：特产包括榛子、日乾番茄、马苏里拉奶酪、佛手柑油和宝仙尼菌。面食的主要材料是硬麦粉、盐和水，主要面食有通心粉、意大利粉和车轮粉等，当地人比较喜欢用橄榄油烹调食物，善于利用香草、香料和海鲜入菜。

小岛菜系：以西西里亚为代表，深受阿拉伯的影响，食风有别于意大利的其他地区，仍然以海鲜、蔬菜以及各类干面食为主，特产为盐渍干鱼籽和血柑橘。

意大利菜会提供全套菜牌，包括开胃头盘、汤、面食、披萨、主菜以及甜品。先吃头盘，汤或面称为第一道菜，主菜等于第二道菜，然后是沙拉、甜品或乳酪，最后是咖啡或饭后酒。每道菜肴选一款即可。

第一道菜包括汤、面食、利梭多饭、玉米糕或披萨。

第二道菜包括海鲜盘和肉盘。意大利菜中，海鲜的烹调方式比肉类多样。传统菜单会保留配菜一栏，受欢迎的配菜有香菜炒保鲜尼菌、番茄芝士沙拉等，而现代主菜会配以更多的蔬菜和淀粉食物来平衡营养，无须另选配菜。驰名的主菜有酿花枝、香草生腿煎牛仔肉片和烧牛柳配蘑菇红酒汁等。

意大利的甜品种类丰富，包括糕饼、雪糕和酒香水果等，比较出名的有意式奶酪饼、西西里三色雪糕、提拉米苏等。在享用甜品之后，侍应生会推上奶酪车。奶酪在意大利是十分普遍的食物，大概有400种，可以入菜或者伴红酒进食。常见的意大利奶酪有苏芬些拿奶酪（Gorgonzola cheese）、宝百士奶酪（BeiPaese cheese）、芳天娜奶酪（Fonfina cheese）、柏尔马臣奶酪（Parmesan cheese）、布旺伦奶酪（Provolone cheese）和马苏里拉奶酪（Mozzarella cheese）。

用餐后，可以喝一杯浓缩咖啡（expresso）或者泡沫咖啡（cappuccino）帮助消化，最好搭配一点杏仁曲奇。意大利菜分量比较大，为了避免浪费，几道菜可以分开点，也可以两三人分吃一整套意大利菜。

2. 意大利的饮食习惯与礼节

意大利人习惯本国传统餐饮，即意式西餐，以意大利各大区的地方传统风味菜、大餐为主。意大利菜可谓西餐烹饪的始祖，与法国和其他西欧国家的大餐相比毫不逊色。因此，意大利人以请客人吃意式大餐为骄傲。也有一部分意大利人喜欢中餐，尤其喜欢富有地方特色的北京烤鸭以及清淡又略带酸甜的粤菜。意大利人对晚餐比较重视，重要的请客活动往往在晚上进行，且携配偶同往。午餐一般称为工作餐，其比较简单，用餐时间较短，一般一个小时即结束，不带配偶。晚餐时间较长，用餐时意大利人要留出足够的时间边品酒，边聊天，一顿饭要吃两个多小时甚至更长时间。意大利人认为慢餐运动，才是真正的饮食文化。

意大利人往往把面食作为第一道菜。其做法、吃法花样繁多，面条制作有独到之处，各种形状、颜色、味道的面条多达上百种，如字母形面条、贝壳形面条、实心面条、通心面条、菜汁面条等，还有意式馄饨、意式饺子等。吃意式西餐主要用刀、叉，因此，意大利的饮食文化是用餐时要尽可能闭嘴，吃、喝尽量不发出声音，吃面条时要用叉子卷好送入口中，吸入面条时发出声音被看作不礼貌的行为举止。餐间谈话时要求嘴中没有食物，否则被认为没教养。每一道菜吃完后，把刀、叉并排放在盘内，就表示已吃完，即便有剩余的菜，服务员也会撤下。对于餐桌上较远的餐点或调味品，不可以起身跨越几个人去夹取，如果有需要，可以请邻座代劳将远处的餐点盘或调味品拿到面前，然后再夹取放入个人碗盘中。

意大利从南到北都是种植葡萄的好地段，所有大区都盛产葡萄酒，因此，意大利的葡萄酒品种和品牌繁多。葡萄酒是意大利人家庭餐桌上必备的饮料。意大利人喝酒的方式比较讲究，餐前酒是意大利人在饭前喝的开胃酒，喝了它能刺激胃口，增加食欲。席间根据海鲜或肉类等不同的菜饮白葡萄酒或红葡萄酒。餐后要喝少量甜酒或烈性酒帮助消化。

席间意大利人一般不饮烈性酒，也没有劝酒的习惯，因此，几乎不会出现酗酒现象。此外，意大利人比较喜欢掺点烈性酒在开胃的软饮料里，在冰激凌上浇点白兰地，就连最后一道咖啡中也要掺上些酒，他们认为这样味道会更加独特。

如果去意大利人家吃饭，客人可酌情带些小礼物，比如葡萄酒、甜食或巧克力、鲜花等，具有民族特色的精致典雅的小工艺品或纪念品也是受欢迎的。意大利人一般都习惯当场将礼物打开。如送鲜花，切忌不能送菊花，意大利人忌讳菊花，因为菊花盛开的季节正是人们扫墓的时候，菊花是葬礼上用的。送花时要注意送单数。红玫瑰表示对女性的一片温情，一般不送。手帕也不能作为礼物送人。意大利人在安排座位时是一男一女间隔排开，有时还把丈夫与妻子分开。客人带的酒、食物和甜点也可以马上食用。

八、课后作业

1. 查找网络或相关书籍

（1）什么是意大利鲜奶酪？

（2）用意大利鲜奶酪可以制作哪些菜肴？

（3）意大利还有哪些有名的奶酪？它们的用途是什么？

2. 练习

在课余或周末为朋友、家人制作3种不同形式的意式鲜酪头盘，并让他们写出品尝感受。

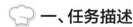

任务三　意式生牛肉头盘的制作

一、任务描述

[内容描述]

意式生牛肉头盘（beef carpaccio）在制作过程中，先将新鲜的生牛肉或生鱼肉加工成薄片状，然后与酱汁、柠檬肉或橙子肉等原料搅拌均匀即可。例如德国的生拌牛肉馅、日本的各种生鱼片，这类开胃菜肴要求原料必须新鲜，加工工具和设备必须符合卫生标准，严格按照操作规范进行，否则客人食用后容易出现不良反应。

[学习目标]

（1）知道牛里脊的特点，懂得其选用、加工方法。

（2）能够熟练掌握运用肉锤或切片机等工具将肉制成薄片状。

（3）能够依照意式生牛肉头盘的制作流程在规定时间内制作完成菜品。

（4）形成良好的卫生习惯并自觉遵守行业规范。

二、相关知识

制作意式生头肉头盘时，一般情况下最好选用牛里脊肉，因为牛里脊是整头牛最嫩的部位。

在制作意式生牛肉头盘的过程中，先将新鲜或裹着胡椒粉的冷冻牛里脊肉切成1~2毫米厚的薄片，然后将其顺时针方向整齐美观地摆在盘中，再撒上盐、胡椒粉和帕尔玛干酪片，用什锦生菜沙拉作配料点缀，最后淋上油醋汁或者挤上沙拉酱即可。这类菜肴对原料的品质和操作环境都有很高的卫生要求，操作人员在制作菜肴时必须严格遵守操作规范。

三、成品标准

本菜品中肉片呈鲜红色，有光泽，肉片薄厚均匀，码放整齐、美观，具有浓郁的清香味及酸、咸适中的口感，有较浓的胡椒味和奶酪味，口感软嫩细腻，如图3-3-1所示。

图3-3-1 意式生牛肉头盘

 四、任务内容

1. 准备制作工具

制作工具见表3-3-1。

意式生牛肉盘的制作

表3-3-1 制作工具

菜板 chopping board	分刀 kitchen knife	料理碗 cooking bowl
餐勺 spoon	夹子 clip	玻璃碗 glass bowl
刮皮刀 peeler	—	—

2. 准备制作原料

制作原料如表3-3-2、图3-3-2所示。

表3-3-2 制作原料

牛里脊 beef filet	芥末酱 mustard	柠檬汁 lemon juice
红葡萄酒醋 red wine vinegar	胡椒粉 pepper	盐 salt
沙拉酱 mayonnaise	帕尔玛干酪 parmesan cheese	玉兰菜 chicory
法香 parsley	紫菊苣 red chicory	脆生菜 iceberg lettuce

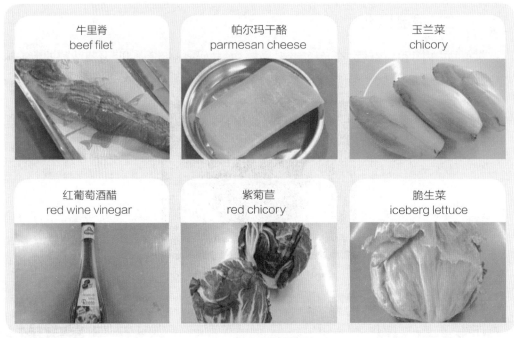

图3-3-2   制作原料

3. 制作流程

制作流程如图3-3-3所示。

步骤一：
先把沙拉酱加入芥末酱、柠檬汁、盐和胡椒粉调味，搅拌均匀后灌入纸袋，然后将空气挤出袋口卷回，防止沙拉酱倒流。

步骤二：
把牛里脊肉切成1~2毫米厚的薄片，以顺时针的方向稍微重叠码放在盘中。
将摆齐的牛肉片封上保鲜纸，用手稍微压平放入冰箱冷藏至上菜，然后将盐和胡椒粉撒在肉片上调味。

图3-3-3   制作流程

步骤三：
用剪刀剪开纸袋的前端，随后在牛肉薄片上挤成"Z"字形，放上法香。

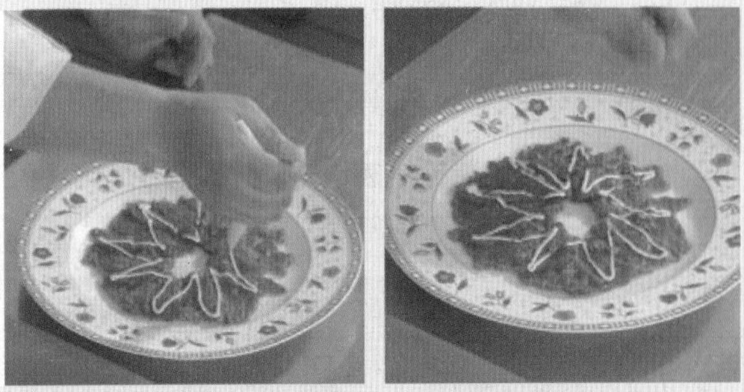

步骤四：
先把玉兰菜切成1厘米宽的片，随后与撕成入口大小的紫菊苣、脆生菜块混合均匀，最后加入盐、胡椒粉、红酒醋和橄榄油搅拌均匀。

步骤五：
将帕尔玛干酪片洒在牛肉片上，将拌好的生菜沙拉放在盘子中央，将颜色鲜艳的叶片向上摆放。最后保持操作台干净卫生。

图3-3-3 制作流程（续）

注：在操作过程中，如果牛肉片切得太厚，可以用保鲜纸将肉片盖上，用肉锤将肉片拍薄，使坚硬的肉变软。

五、评价标准

要求：与小组成员合作制作完成意式生牛肉头盘，见表3-3-3。

表3-3-3　意式生牛肉头盘制作实训评价

时间：_____　姓名：_____　综合评价：_____

内容	要求	配分	互评	教师评价
原料选择	质量好	5分	5（　　）	5（　　）
	质量一般		3（　　）	3（　　）
	质量不好		1（　　）	1（　　）
口味	适中	15分	15（　　）	15（　　）
	淡薄		10（　　）	10（　　）
	浓厚		5（　　）	5（　　）
色泽	适中	10分	10（　　）	10（　　）
	清		7（　　）	7（　　）
	重		4（　　）	4（　　）
汁量	适中	5分	5（　　）	5（　　）
	多		3（　　）	3（　　）
	少		1（　　）	1（　　）
加工时间	适中	10分	10（　　）	10（　　）
	过长		7（　　）	7（　　）
	过短		3（　　）	3（　　）
独立操作	独立	5分	5（　　）	5（　　）
	协作完成		3（　　）	3（　　）
	指导完成		1（　　）	1（　　）
卫生	干净	10分	10（　　）	10（　　）
	一般		7（　　）	7（　　）
	差		3（　　）	3（　　）
准备工作	充分	15分	15（　　）	15（　　）
	较差		10（　　）	10（　　）
	极差		5（　　）	5（　　）
下料处理	好	10分	10（　　）	10（　　）
	不当		7（　　）	7（　　）
	差		3（　　）	3（　　）

续表

内容	要求	配分	互评	教师评价
操作工序	规范	15分	15（　　）	15（　　）
	一般		10（　　）	10（　　）
	不规范		5（　　）	5（　　）
综合成绩	A优	B良	C合格	D待合格
	85~100分	75~85分	60~75分	59分及以下

 六、拓展任务

　　灵活运用意式生牛肉头盘的制作方法，突出开胃菜肴的特点，根据自己的喜好制作一份开胃菜——生鱼片头盘，要求主料、辅料、汁和装饰料都要适合海鲜类原料，并让同学、老师作出评价，见表3-3-4。

表3-3-4　实习训练评价

训练环节	分值	实训要点	学生评价	教师评价	综合评价
制作工具及制作原料准备	15分	准备制作工具及制作原料			
遵守操作工序	15分	合理安排时间和操作顺序，工作规范			
技能操作	40分	切配辅料（5分）			
		加工主料（5分）			
		调味搅拌（10分）			
		完成制作（10分）			
清洁物品	10分	清洁工具、操作台等			
制作时间	10分	30分钟			
口味	10分	微酸、鲜香			
创新度		口味、造型能够在原有菜品的基础上有一定的变化			

 七、知识链接

1. 奶酪的品种

　　奶酪的分类方法很多，这里介绍7个品种，即新鲜奶酪、白霉奶酪、蓝纹奶酪、清洗奶酪、山羊奶酪、半硬质奶酪、硬质奶酪。在了解各种奶酪的大致特点的基础上，加以品味，会对其有进一步的理解。

（1）新鲜奶酪：是一种具有鲜美风味的奶酪，入口后可以感受到滑爽的酸味，与酸牛奶类似。由于这种奶酪品种是不成熟的，品味时奶酪必须是新鲜的，应该尽早食用，且要看清奶酪上标有的保质日期。按制作奶酪的原料，主要有牛奶、山羊奶和绵羊奶，但主要以牛奶为主。按口味划分，既有农家干酪这种清淡无味的奶酪，也有加入奶油、风味浓烈的奶酪，还有添加胡桃或香料入味的奶酪，品种极多。

（2）白霉奶酪：是有雪白的霉菌包裹的软质奶酪。随着霉菌不断增长，奶酪由外往内渐趋成熟，味道也会变得越来越醇厚。待其完全成熟时，里面的醇厚风味飘逸而出。白霉奶酪原来只生产于法国，后因深受欢迎，流转至世界各国。其乳脂含量大都为50%～60%，奶油味极佳。随着其日渐成熟，中心部分也会随之变得柔软，这时品味起来口感极佳。白霉奶酪的表皮也可以食用，但奶酪完全成熟时，白霉干枯，可清除外表皮后再食用。

（3）蓝纹奶酪（图3-3-4）：这种奶酪比较传统，具有两千多年的历史，风味辛辣。绿霉菌经过繁殖后，能形成漂亮的花纹，这时奶酪即可食用。不像其他奶酪品种，它是由中心向外渐趋成熟。具有一种能刺激舌头的强烈刺激风味是蓝纹奶酪的魅力所在。世界著名的三大蓝纹奶酪分别为罗克福尔干酪、戈尔贡佐拉干酪和斯蒂尔顿干酪，它们各具特色，魅力诱人。近来，包裹着绿霉、味道清淡、方便食用的蓝纹奶酪越来越受欢迎。

图3-3-4　蓝纹奶酪

（4）清洗奶酪：这种奶酪开始是在修道院制作而成的，大量生产于法国。这种奶酪表层繁殖了一种成熟的特殊细菌，需用盐水或当地产的酒精清洗，所以叫作清洗奶酪。香味浓烈是其特色。它有一股刺鼻的特殊风味，有的人会对它敬而远之，它的口感却出人意料的柔和。

（5）山羊奶酪（图3-3-5）：用山羊奶制作的奶酪，最适合在春、秋季节食用。山羊奶酪的一大特征是在成熟的早期阶段就能品尝到它的芳香美味。内部洁白是其特点，其形状丰富，有圆筒形的，有金字塔形的，也有表面粘有木灰的。

图3-3-5 山羊奶酪

（6）半硬质奶酪（图3-3-6）：这种奶酪具有奶的醇厚美味和甘甜，湿润而有弹性是其一大诱人魅力。其可以直接食用，也可以方便地用于制作三明治、奶汁烤菜等各种菜肴。其口味比较清淡，食用方便，与加工的干酪有相似的口感。硬质奶酪是将凝乳加热之后再加以固体化的，不仅能广泛用作菜肴配料，而且还有宜于保存的优点。没有经过加热就对凝乳进行加工，使之变柔软是半硬质奶酪的加工方法。

图3-3-6 半硬质奶酪

（7）硬质奶酪（图3-3-7）：在严寒的山区，这种奶酪本是作为过冬储存的食品而存在，后来逐渐发展为硬质奶酪，又叫作"山区奶酪"。它是一种质地最硬的奶酪，质量大，利于长期保存，成熟时间至少为半年，长则为两年以上，因此它那厚重的甜味也需要很长时间才能产生，其醇厚、甘甜的味道令人着迷。像帕尔玛干酪、勒佐干酪一样，几乎所有硬质奶酪都可以作为粉状奶酪使用。

图3-3-7 硬质奶酪

2. 奶酪的相关知识

自然奶酪是一种逐日成熟、鲜美无比的食品,它那丰富多彩的味道让人欲罢不能。在此介绍奶酪的相关知识,以便加深对奶酪的了解。

1)奶酪的选购方法

选购奶酪时最好前往有奶酪食品行家的商店,当场接受专家的指导,这对选购非常有帮助。比如能够鉴别奶酪成熟度的行家,能通过视、触、嗅、味、听来鉴别奶酪的成熟情况,从而判断最佳食用时机,并给予详加说明。购买者如果略微知道奶酪选购标准,在挑选奶酪时就会更方便。

首先要观看奶酪的表面。比如白霉奶酪中的卡门培尔干酪,上面的白霉会随着成熟度的加深变成淡褐色。又如清洗奶酪,其成熟度不够时表面发硬,但随着成熟度的加深,其会渐渐地湿润起来。另外,触摸也是了解奶酪成熟度的一个途径。像白霉奶酪、清洗奶酪等,都是由内往外成熟,按一下奶酪的正中央,如果感觉到中央是硬的,说明还未充分成熟;如果中央是柔软的,说明已经成熟到中央了。奶酪如散发着香草气味,说明还未成熟;若闻到刺鼻的氨气气味,则已过了最佳食用时机;如果吃出苦味或舌头发麻,则表明已经不适合食用。

阅读奶酪上的说明非常重要——一定要看懂奶酪包装上的说明,这是选购奶酪的参考标准。

现以法国的卡门培尔干酪为例说明。首先,奶酪上盖一般标有奶酪商标名、质量以及奶酪的名称。鲜奶用量说明的作用在于显示奶酪是否注重牛奶原有的风味。保存温度、保质期等信息一般标注在包装底部。保质期是指该奶酪的完全成熟期,即食用最佳时机。奶酪成熟程度根据制作要求不同而异。奶酪上盖印有圆盘形的标记,叫作"A.O.C"标志。

所谓"A.O.C",是"Appellationd' OrigineControlee",即原产地统制称号的略称,它是法国政府从法律上对具有传统制作方法、技术和优良品质的奶酪加以保护和规范的一种制度。印有"A.O.C"标志的都是经这种制度认可的奶酪。现在已经有33种奶酪获得了这种认证,其中包括可罗克福尔干酪、蓬莱韦克干酪等。此外,与法国有着相同制度的还有意大利,其他各国的奶酪也有表明其原产地的标志。

2）奶酪的品尝方法

奶酪在食用前须提前一个小时从冰箱里取出,这样质地会软化,再现原有的风味。不过,新鲜奶酪由于过分柔软,在食用前不需要太早从冰箱里取出。如果是作为餐桌上食用的奶酪,可以将适合口味的奶酪盛放在竹篮里或盘碟中,甚至还可以堆成某种造型,颇为有趣。很多奶酪可作为菜肴作料使用。

3）剩余奶酪的保鲜方法

购买奶酪时应按需购买。如果奶酪有剩余,应存放在冰箱冷藏室里保鲜,但不可以让其干燥。剩余奶酪应该放回原来的包装盒或包装纸内,重新包好保存。如果已经有开口,可以选择用保鲜膜包裹上。不过,用保鲜膜包裹的奶酪不宜长久存放,容易发霉,一般3~4天更换一次保鲜膜,在一周之内食用完最好。如果是柔软的奶酪,可以保存在塑料盒子等容器里。蓝纹奶酪保存时需要避光,否则可能变色,包装时最好选用避光的铝箔纸等。即便小心翼翼地妥善保存,奶酪表面也会滋生其他霉菌,比如白霉奶酪上会长出发绿的霉斑,蓝纹奶酪、清洗奶酪上会出现红霉斑,这些霉斑都应该削去。

如果还有更多剩余奶酪,可以设法寻找它的其他用途。例如白霉奶酪、清洗奶酪可以削去表层,与乳脂奶酪、鲜奶油搅拌均匀后,涂抹在面包和饼干上食用,口感极佳。蓝纹奶酪可以加以融化,用在菜肴沙司里。较为硬实的奶酪,可以刨成粉状,作为通心粉和咖喱饭的调料,也可用来制作菜肴,以提升整个菜品的味道。奶酪与葡萄酒搭配食用也相得益彰,比如,成熟度较浅的卡门培尔干酪适合搭配低度红葡萄酒;完全成熟的白霉奶酪、清洗奶酪适合搭配烈性红葡萄酒;别具特色的蓝纹奶酪适合搭配味道醇厚的红葡萄酒或甘甜的白葡萄酒;山羊奶酪适合搭配烈性白葡萄酒或低度红葡萄酒;含盐量较低的半硬质奶酪、硬质奶酪适合搭配啤酒。新鲜奶酪与咖啡、红茶一起享用也很惬意,并没有特别的规定,可以根据自己的喜好进行各种尝试。

八、课后作业

1. 查找网络或相关书籍

（1）什么是生牛肉头盘？它是哪个国家的菜肴？

（2）用本任务所介绍的制作方法还可以制作哪些菜肴？（列举1~2种）

（3）列举至少3种意大利的名菜（冷、热菜，面点均可）。

2. 练习

在课余或周末为家人、朋友制作一份意式生牛肉头盘，并让他们写出品尝感受。

任务四　酿鸡蛋花的制作

一、任务描述

[内容描述]

酿鸡蛋花（stuffed egg/deviled egg）在西餐冷菜中很具代表性。它有3种上菜方式：其一，可以和其他简单开胃菜组合在一起上菜；其二，可以是宴会、聚会上一道重要的菜肴；其三，可以和生菜、西红柿、黄瓜一起配上少司作为夏季爽口的主菜沙拉。

制作酿鸡蛋花时，首先将原料按要求加工成需要的馅料，然后采用酿的技法用勺或挤袋将馅料酿在菜品上稍作装饰即可。馅料有的是各种酱泥，有的是各种沙拉，用这种方法还可以演变制作酿馅西红柿、黄瓜、柿子椒等。在西餐冷菜中，这种技法的应用极其广泛和重要，因此，学习者应该熟练掌握这种技法。

[学习目标]

（1）能够熟练利用沙拉酱、蛋黄和芥末酱调制蛋黄馅。

（2）能够熟练运用餐勺、挤袋等工具将馅料酿制完成。

（3）依照酿鸡蛋花的制作流程在规定时间内制作完成菜品。

（4）形成良好的卫生习惯并自觉遵守行业规范。

二、相关知识

酿鸡蛋花的制作过程：将煮成全熟的鸡蛋切成两半，然后把鸡蛋黄掏出，搅碎后过细筛，之后放入沙拉酱、芥末酱、柠檬汁、盐和胡椒粉等调料搅拌均匀，将调味后的馅料用餐勺或者挤袋挤入鸡蛋白中，最后将法香摆在上面装饰即可。

三、成品标准

本菜品（图3-4-1）需做到颜色鲜艳，花型相似，下宽上尖，具有浓郁的清香味及酸、咸适中的口味，放入口中绵软细腻。

图3-4-1　酿鸡蛋花

 四、任务内容

1. 准备制作工具

制作工具见表3-4-1。

酿鸡蛋花的制作

表3-4-1　制作工具

玻璃碗 glass bowl	细筛 sieve	料理碗 cooking bowl
餐勺 spoon	打蛋器 whisk	挤袋 piping bag
星形花嘴 star piping tips	菜板 chopping board	分刀 kitchen knife

注：一般情况下最好选用星形花嘴，这样挤酿出的鸡蛋花比较美观。但是，如果馅料中添加了颗粒或者碎状原料最好选择用勺子或圆口花嘴，以免原料堵住花嘴。

2. 准备制作原料

制作原料如表3-4-2、图3-4-2所示。

表3-4-2　制作原料

鸡蛋 egg	芥末酱 mustard	柠檬汁 lemon juice
李派林汁 worcestershire sauce	胡椒粉 pepper powder	盐 salt
沙拉酱 mayonnaise	水瓜柳 caper	黑橄榄 black olive
法香 parsley	樱桃西红柿 cherry tomato	醸馅青橄榄 stuffedolive

图3-4-2　制作原料

3. 制作流程

制作流程如图3-4-3所示。

步骤一：
把洗干净的鸡蛋放入冷水中，水要没过鸡蛋表面，上火煮开后改小火计时10分钟。煮好的鸡蛋用凉水过凉，剥去蛋壳，注意保持蛋清外表完整不破损。

步骤二：
用刀将煮好的鸡蛋横切成两半，取出蛋黄并用勺子搅碎过细筛成蛋黄碎，将蛋黄底部切平清洗干净。

步骤三：
分别将盐、胡椒粉、柠檬汁、芥末酱、李派林汁和沙拉酱与蛋黄碎搅拌均匀。

步骤四：
把制好的馅料放入星形花嘴的挤袋中，一只手把挤袋的口旋转封好，一只手扶好挤袋的前端，上面的手用力将馅料慢慢旋转着挤在蛋清的凹陷处成下宽上尖的花状。

步骤五：
分别把小朵法香、樱桃西红柿角和黑橄榄圈插在蛋黄馅上即可。

步骤六：
将制作好的酿馅鸡蛋按一定角度摆放整齐，最后保持操作台整洁。

图3-4-3 制作流程

五、评价标准

要求：与小组成员合作制作完成酿鸡蛋花，见表3-4-3。

表3-4-3 酿鸡蛋花制作实训评价

时间：＿＿＿＿＿＿＿ 姓名：＿＿＿＿＿＿＿ 综合评价：＿＿＿＿＿＿＿

内容	要求	配分	互评	教师评价
原料选择	质量好	5分	5（　　）	5（　　）
	质量一般		3（　　）	3（　　）
	质量不好		1（　　）	1（　　）
口味	适中	15分	15（　　）	15（　　）
	淡薄		10（　　）	10（　　）
	浓厚		5（　　）	5（　　）
色泽	适中	10分	10（　　）	10（　　）
	清		7（　　）	7（　　）
	重		4（　　）	4（　　）
汁量	适中	5分	5（　　）	5（　　）
	多		3（　　）	3（　　）
	少		1（　　）	1（　　）
加工时间	适中	10分	10（　　）	10（　　）
	过长		7（　　）	7（　　）
	过短		3（　　）	3（　　）
独立操作	独立	5分	5（　　）	5（　　）
	协作完成		3（　　）	3（　　）
	指导完成		1（　　）	1（　　）
卫生	干净	10分	10（　　）	10（　　）
	一般		7（　　）	7（　　）
	差		3（　　）	3（　　）
准备工作	充分	15分	15（　　）	15（　　）
	较差		10（　　）	10（　　）
	极差		5（　　）	5（　　）
下料处理	好	10分	10（　　）	10（　　）
	不当		7（　　）	7（　　）
	差		3（　　）	3（　　）

续表

内容	要求	配分	互评	教师评价
操作工序	规范	15分	15（ ）	15（ ）
	一般		10（ ）	10（ ）
	不规范		5（ ）	5（ ）
综合成绩	A优	B良	C合格	D待合格
	85–100分	75–85分	60–75分	59分及以下

六、拓展任务

（1）根据自己的喜好制作出3种不同馅料和装饰主题的酿鸡蛋花，并让同学、老师作出评价，见表3-4-4。

表3-4-4 实习训练评价

训练环节	分值	实训要点	学生评价	教师评价	综合评价
制作工具及制作原料准备	15分	准备制作工具及制作原料			
遵守操作工序	15分	合理安排时间和操作顺序，工作规范			
技能操作	40分	切配辅料（10分）			
		加工主料（10分）			
		调味搅拌（10分）			
		完成制作（10分）			
清洁物品	10分	清洁工具、操作台等			
制作时间	10分	45分钟			
成品菜肴	10分	造型美观、有新意，口味合适			

（2）以酿鸡蛋花的制作方法为基础，突出开胃菜肴的特点。

①根据自己的喜好制作一份简单开胃菜——酿馅西红柿，灵活运用学习过的沙拉制作方法进行馅料的演变，见表3-4-5。

表3-4-5 实习训练评价

训练环节	分值	实训要点	学生评价	教师评价	综合评价
制作工具及制作原料准备	15分	准备制作工具及制作原料			
遵守操作工序	15分	合理安排时间和操作顺序，工作规范			
技能操作	40分	切配辅料（10分）			
		加工主料（10分）			
		调味搅拌（10分）			
		完成制作（10分）			
清洁物品	10分	清洁工具、操作台等			
制作时间	10分	45分钟			
成品菜肴	10分	造型美观、有新意，口味合适			

②根据自己的喜好制作一份简单开胃菜——醸馅黄瓜，要求结合学习过的沙拉和少司制作方法进行馅料的演变，注意协调菜品造型、馅料和原料之间的口味搭配，见表3-4-6。

表3-4-6 实习训练评价

训练环节	分值	实训要点	学生评价	教师评价	综合评价
制作工具及制作原料准备	15分	准备制作工具及制作原料			
遵守操作工序	15分	合理安排时间和操作顺序，工作规范			
技能操作	40分	切配辅料（10分）			
		加工主料（10分）			
		调味搅拌（10分）			
		完成制作（10分）			
清洁物品	10分	清洁工具、操作台等			
制作时间	10分	45分钟			
成品菜肴	10分	造型美观、有新意，口味合适			

七、知识链接

其他类开胃菜

开胃菜种类丰富，包括康拿批开胃菜、鸡尾开胃菜、迪普开胃菜、开胃汤、开胃沙拉等，除此之外，还有各种生食和熟制的开胃菜。这些开胃菜不仅种类繁多，分类方法也变化多样。它们的种类和特点如下：

1. 整体形状的开胃菜（hors douvers）

这类开胃菜（图3-4-4）常见的有生蚝、奶酪块、肉丸等，配上牙签以方便食用。这类开胃菜有冷、热之分，有冷的奶酪块、奶酪球、火腿、西瓜球、肉块、熏鸡蛋等；有热的肉丸子、烧烤的肉块、热松饼等。

图3-4-4　整体形状的开胃菜

2. 小食品（light snacks）

这类开胃菜（图3-4-5）常见的有爆米花、炸薯片、锅巴片、小萝卜切成的花、胡萝卜卷、西芹心、酸黄瓜、橄榄等。

图3-4-5　小食品

3. 胶冻开胃菜（aspic）

这类开胃菜（图3-4-6）常见的有熟制的海鲜肉、鸡肉加入明胶制成的液体和调味品后经过冷藏制成的胶冻菜。

图3-4-6　胶冻开胃菜

4. 火腿卷（ham roll）

这类开胃菜一般由一根鲜芦笋尖或一块经过腌制的蔬菜，或一块慕斯（mousse），外卷面包片及一片非常薄的冷火腿肉组成。

5. 奶酪球（cheese ball）

这类开胃菜常见的有切成小球的各种奶酪，冷藏后，外面粘上干果末或香菜末。

八、课后作业

1. 查找网络或相关书籍

（1）什么是开胃菜？

（2）西餐冷菜中的开胃菜有哪些种类？

2. 练习

在课余或周末为朋友、家人制作3种不同馅料和装饰主题的酿鸡蛋花，并让他们写出品尝感受。

单元四　复合开胃头盘
沙拉的制作

单元导读

一、单元内容

复合开胃头盘沙拉的原料种类丰富，加工方法复杂，制作工序多，工艺要求高，与一般开胃沙拉相比更加美观、美味、档次高，多用于高档宴会和自助餐会。

二、单元简介

本单元介绍的是复合开胃头盘沙拉的制作方法，主要由虾仁鸡尾头盘的制作、意式扒蔬菜头盘的制作、蔬菜胶冻头盘的制作、鸡肉批头盘的制作4个任务组成。

三、单元要求

本单元的任务要在与酒店厨房工作岗位一致的实训环境中完成。学生通过实际实训，能够进一步适应西餐冷菜厨房的工作环境；能够按照西餐冷菜厨房岗位工作流程完成任务，并在工作中培养合作意识、安全意识和卫生意识。

四、单元目标

了解复合开胃头盘沙拉的特点、原料与种类，初步掌握复合开胃头盘沙拉的制作方法，熟悉复合开胃头盘沙拉的制作要求、用途，并能够在实际工作岗位中应用。

虾仁鸡尾头盘的制作

 一、任务描述

[内容描述]

"cocktail"一词在西式餐饮中常用于酒水（鸡尾酒）和西餐的开胃菜。鸡尾开胃菜（cocktail）的主要原料是海鲜或水果，配以酸味或浓稠的调味酱汁调制而成。鸡尾开胃菜颜色鲜艳、造型独特，主要用开口大又不太深的鸡尾玻璃酒杯盛装，有时也用餐盘盛装。同时，鸡尾开胃菜的调味汁有时放在菜肴的下面，有时浇在菜肴的上面，也可以单独放在小碗里，放在盛装菜肴餐盘的另一侧。绿色的蔬菜或柠檬制成的花常用来作鸡尾开胃菜的装饰品。鸡尾开胃菜追求新鲜，在自助餐中，常被摆放在碎冰块上。另外，鸡尾开胃菜的制作时间常接近开餐的时间，其色泽、品质和卫生都得到了很好的保证，是西餐冷菜厨房中非常重要和典型的菜肴之一。因此，熟练掌握鸡尾开胃菜的原料、制作工艺和用途，对学习者来说非常重要。

[学习目标]

（1）能够将马乃司沙司演变制作出鸡尾汁。

（2）能够熟练运用相关工具设备、加工方法和成形技法。

（3）能够依照虾仁鸡尾头盘（shrimps cocktail）的制作流程在规定时间制作内完成菜品。

（4）形成良好的卫生习惯并自觉遵守行业规范。

 二、相关知识

虾仁鸡尾头盘的制作过程：虾肉等海鲜原料经初加工后，先用食盐、胡椒粉、柠檬汁、白葡萄酒、莳萝或茴香腌制半小时，然后同洋葱、胡萝卜、芹菜、香叶和白葡萄酒一起放入沸水中断生，最后将煮熟后的海鲜同绿色的蔬菜或生菜以及鸡尾汁等搅拌均匀即可。它既可以单独作为套餐中的第一道菜肴——开胃菜，也可以作为自助餐和高档酒会上重要的沙拉或小吃。

适合制作海鲜鸡尾头盘的海产品有鲜虾、扇贝肉、鲜海鱼，这些原料肉质鲜嫩、营养丰富、口味鲜香、口感细嫩，通常是制作海鲜鸡尾头盘的首选。

海鲜原料加工的注意事项如下：

（1）海鲜原料含有丰富的优质蛋白，易熟，烹制时间不宜过长。

（2）鱼类原料加工时，一定要将鱼刺用专用钳子拔干净。

（3）装饰料尽量选用适合海鲜原料的柠檬、莳萝、茴香、番茄、芦笋、黄瓜等。

三、成品标准

本菜品（图4-1-1）颜色鲜艳，造型美观，沙拉要突出杯口呈山丘状，主、辅料的比例为3∶1，鸡尾汁以挂满原料表面为佳。

图4-1-1　虾仁鸡尾头盘

四、任务内容

1. 准备制作工具

制作工具见表4-1-1。

虾仁鸡尾头盘的制作

表4-1-1　制作工具

菜板 chopping board	分刀 kitchen knife	料理碗 cooking bowl
餐勺 spoon	打蛋器 whisk	玻璃碗 glass bowl
小刀 hand knife	鸡尾杯 cocktail glass	—

2. 准备制作原料

制作原料见表4-1-2。

表4-1-2　制作原料

鲜虾 shrimps	煮虾肉料 bouquet garni	柠檬 lemon
菠萝 pine apple	胡椒粉 pepper	盐 salt
沙拉酱 mayonnaise	番茄沙司 ketchup	李派林汁 worcestershire sauce
什锦生菜 mixed lettuce	樱桃西红柿 cherry tomato	莳萝 dill

3. 制作流程

制作流程如图4-1-2所示。

步骤一：
将鲜虾去头，剥去外壳，用小刀或牙签将虾背部的虾腺挑出后清洗干净，再用盐、胡椒粉、柠檬汁、白葡萄酒、莳萝腌制半小时。
提示：虾腺是虾的肠子，里面存着没有排除的食物，因此一定要去干净。

步骤二：
将煮虾的调料倒入水中煮开，放入腌制好的虾仁煮5分钟捞出冷却。

图4-1-2　制作流程

步骤三：
将冷却的虾仁加柠檬汁、胡椒粉和盐调味并搅拌均匀。

步骤四：
将菠萝片切成比虾仁略小的丁。

步骤五：
将番茄沙司、马乃司沙司、柠檬汁、白兰地酒、李派林汁、盐和胡椒粉放入调理罐搅拌均匀。
提示：制作鸡尾汁时要多放些李派林汁、柠檬汁和番茄沙司，这样可以更好地去除海鲜的腥味，从而增加菜肴的风味。

图4-1-2　制作流程（续）

步骤六:

将加工好的生菜垫在鸡尾杯的底部,将摆好的沙拉堆摆在杯子中央。

步骤七:

将柠檬切成角,在一边片一个1厘米长的口,插在酒杯的杯口上,在西红柿角中间切一刀使之呈"V"形,插在柠檬角的边上,最后把鲜莳萝插在中央即可。

提示: 鸡尾汁既可以淋在沙拉上,也可以和沙拉搅拌好再装入鸡尾杯中。

图4-1-2　制作流程(续)

五、评价标准

要求：与小组成员合作完成虾仁鸡尾头盘的制作，见表4-1-3。

表4-1-3 虾仁鸡尾头盘制作实训评价

时间：＿＿＿＿＿＿　姓名：＿＿＿＿＿＿＿　综合评价：＿＿＿＿＿＿

内容	要求	配分	互评	教师评价
原料选择	质量好	5分	5(　)	5(　)
	质量一般		3(　)	3(　)
	质量不好		1(　)	1(　)
口味	适中	15分	15(　)	15(　)
	淡薄		10(　)	10(　)
	浓厚		5(　)	5(　)
色泽	适中	10分	10(　)	10(　)
	清		7(　)	7(　)
	重		4(　)	4(　)
汁量	适中	5分	5(　)	5(　)
	多		3(　)	3(　)
	少		1(　)	1(　)
加工时间	适中	10分	10(　)	10(　)
	过长		7(　)	7(　)
	过短		3(　)	3(　)
独立操作	独立	5分	5(　)	5(　)
	协作完成		3(　)	3(　)
	指导完成		1(　)	1(　)
卫生	干净	10分	10(　)	10(　)
	一般		7(　)	7(　)
	差		3(　)	3(　)
准备工作	充分	15分	15(　)	15(　)
	较差		10(　)	10(　)
	极差		5(　)	5(　)
下料处理	好	10分	10(　)	10(　)
	不当		7(　)	7(　)
	差		3(　)	3(　)

续表

内容	要求	配分	互评	教师评价
操作工序	规范	15分	15（　　）	15（　　）
	一般		10（　　）	10（　　）
	不规范		5（　　）	5（　　）
综合成绩	A优	B良	C合格	D待合格
	85~100分	75~85分	60~75分	59分及以下

六、拓展任务

（1）尝试替换掉虾仁鸡尾头盘的部分原料，根据自己的喜好，结合应季的海鲜、蔬菜和水果，制作一份海鲜鸡尾头盘，并让同学、老师作出评价，见表4-1-4。

表4-1-4　实习训练评价

训练环节	分值	实训要点	学生评价	教师评价	综合评价
制作工具及制作原料准备	15分	准备制作工具及制作原料			
遵守操作工序	15分	合理安排时间和操作顺序，工作规范			
技能操作	40分	切配辅料（10分）			
		加工主料（10分）			
		调味搅拌（10分）			
		完成制作（10分）			
清洁物品	10分	清洁工具、操作台等			
制作时间	10分	45分钟			
成品菜肴	10分	造型美观、有新意，口味合适			

（2）灵活运用海鲜鸡尾头盘（seafoodcocktail）的制作方法，突出开胃菜肴的特点，演变制作一份水果鸡尾头盘（fruitscocktail），见表4-1-5。

表4-1-5　实习训练评价

训练环节	分值	实训要点及标准	学生评价	教师评价	综合评价
制作工具及制作原料准备	15分	准备制作工具及制作原料			
遵守操作工序	15分	合理安排时间和操作顺序,工作规范			
技能操作	40分	切配辅料（10分）			
		放入调料（10分）			
		调配搅拌（15分）			
		完成制作（5分）			
清洁物品	10分	清洁工具、操作台等			
制作时间	10分	30分钟			
创新度	10分	口味、造型能够在原有菜品的基础上有一定的变化			

七、知识链接

水果鸡尾头盘的制作与应用

水果鸡尾头盘（图4-1-3）又称为水果鸡尾杯,属于水果沙拉的一种。在制作过程中将各种加工好的水果放入酱汁或果汁中,还可放入糖浆。上菜时其可以作为开胃菜、饭后甜食或者配餐沙拉,可以摆在餐盘中或者装入鸡尾杯中。黄桃、梨、樱桃、葡萄、哈密瓜、菠萝等是制作水果鸡尾头盘的常用水果,有时也会选择使用橙子、草莓、木瓜、猕猴桃。马乃司少司、酸奶、酸奶油、果汁、糖浆或熬好的汁是制作水果鸡尾头盘酱汁的最佳选择,最后装饰上薄荷等香料。

图4-1-3　水果鸡尾头盘

八、课后作业

1. 查找网络或相关书籍

（1）什么是鸡尾头盘？

（2）鸡尾头盘分为哪几种？

（3）水果鸡尾头盘如何制作和变化？

2. 练习

在课余或周末为朋友、家人制作一份虾仁鸡尾头盘或水果鸡尾头盘，并让他们写出品尝感受。

任务二   意式扒蔬菜头盘的制作

一、任务描述

[内容描述]

意式扒蔬菜头盘（antipasti）是意大利的传统开胃菜之一，其因独特的风味、品种丰富的原料而深受人们的欢迎。其常用于餐前开胃菜或与其他原料搭配组合成开胃沙拉或主菜沙拉。熟练掌握意式扒蔬菜头盘的原料、制作方法和用途对学习者来说非常重要。

[学习目标]

（1）能够灵活使用橄榄油、红葡萄酒醋、百里香、迷迭香、盐等调料、香料给菜肴调味。

（2）能够熟练运用相关工具设备、加工方法和成形技法。

（3）能够依照意式扒蔬菜头盘的制作流程在规定时间内制作完成菜品。

（4）形成良好的卫生习惯并自觉遵守行业规范。

二、相关知识

意式扒蔬菜头盘是一种复合开胃菜，在西餐开胃菜中有着非常重要的地位。其制作过程：将西葫芦、茄子、柿子椒、白蘑菇等蔬菜切成片，然后用盐和胡椒粉腌入味，之后在铁板上扒上色后，用黑醋、蒜、橄榄油和百里香等香料腌入味，最后配上各色橄榄、生菜在餐前食用即可。它还可以搭配金枪鱼、意大利风干香肠、火腿等肉类原料进行食用。

1. 最适合意式扒蔬菜头盘的烹饪方法

一般情况下最好吃的菜肴是用铁板扒制的，经过铁板扒过的蔬菜具有独特的风味。使用铁板扒制蔬菜不仅可以在短时间内去除蔬菜的水分，还可以使蔬菜色香味俱佳。

2.意式扒蔬菜头盘的制作要点

（1）蔬菜片的厚度以3~4毫米为佳。

（2）蔬菜片在扒制前要用盐、胡椒粉和橄榄油腌制几分钟。

（3）柿子椒用油炸或喷枪烧均可，油炸适合大量制作。

（4）柿子椒一定要将籽和烧焦的皮去干净。

（5）加工好的蔬菜片要腌够时间，否则味道稍差。

三、成品标准

本菜品（图4-2-1）中蔬菜扒制的颜色要鲜艳，不可扒得太老；腌制的时要使原料尽量入味；餐盘摆放要整齐、美观。

图4-2-1　意式扒蔬菜头盘

四、任务内容

1.准备制作工具

制作工具见表4-2-1。

意式扒蔬菜头盘的制作

表4-2-1　制作工具

菜板 chopping board	分刀 kitchen knife	料理碗 cooking bowl
餐勺 spoon	不锈钢盆 stainless steel basin	方盘 tray

2.准备制作原料

制作原料如表4-2-2、图4-2-2所示。

表4-2-2　制作原料

酿馅青橄榄 stuffedolive	茄子 eggplant	柿子椒 paprika
白蘑菇 champignon	胡椒粉 pepper powder	盐 salt
橄榄油 oliveoil	黑醋 balsamic	大蒜 garlic
百里香 thyme	迷迭香 rosemary	—

图4-2-2　制作原料

3. 制作流程

制作流程如图4-2-3所示。

步骤一：
将茄子、西葫芦、柿子椒、白蘑菇洗干净，将茄子、白蘑菇和西葫芦切成3毫米左右厚的片，然后用盐、胡椒粉和橄榄油腌制10分钟。
提示：若白蘑菇比较大可以切成片，如果比较小，可以切成两半或者四瓣。

步骤二：
用烧热的煎锅或铁板将腌制好的茄子、白蘑菇和西葫芦片扒上色。
提示：用煎锅或在铁板上扒制蔬菜片时温度一定要稍高些，以让蔬菜片更好地上色。

图4-2-3　制作流程

步骤三：
将洗过的柿子椒擦净水分后放入烧热的炸炉中炸上色，再捞出用保鲜纸包紧，捂两分钟，等皮和肉分离后再将保鲜纸打开，将柿子椒切成四瓣，用小刀将皮和籽刮掉，将柿子椒肉洗干净备用。
要点提示：柿子椒除了炸制，还可以用喷枪或煤气炉将皮烧焦。

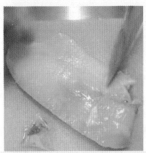
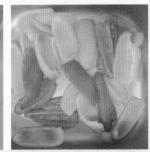

步骤四：
将加工好的蔬菜放入方盘中，把盐、胡椒粉、黑醋、迷迭香、百里香、大蒜和橄榄油分别加入其中。

步骤五：
搅拌均匀，封上保鲜纸，放入冰箱腌制1小时。

图4-2-3 制作流程（续）

步骤六：

从冰箱取出腌制好的蔬菜，将每种蔬菜各取4片左右在餐盘中摆成4堆，配上橄榄、什锦生菜，淋上酱汁即可。最后将操作台收拾干净。

要点提示：酱汁既可以用油醋汁，也可以用千岛汁。

要点提示：什锦扒蔬菜的演变以扒蔬菜为基础，通过添加不同的开胃菜原料和餐盘的形状变化而来。什锦扒蔬菜还可以配上扒金枪鱼和烟熏三文鱼，演变成海鲜冷开胃菜。

图4-2-3   制作流程（续）

五、评价标准

要求：与小组成员合作制作完成意式扒蔬菜头盘，见表 4-2-3。

表4-2-3 意式扒蔬菜头盘制作实训评价

时间：_____ 姓名：_____ 综合评价：_____

内容	要求	配分	互评	教师评价
原料选择	质量好	5分	5（ ）	5（ ）
	质量一般		3（ ）	3（ ）
	质量不好		1（ ）	1（ ）
口味	适中	15分	15（ ）	15（ ）
	淡薄		10（ ）	10（ ）
	浓厚		5（ ）	5（ ）

续表

内容	要求	配分	互评	教师评价
色泽	适中	10分	10（ ）	10（ ）
	清		7（ ）	7（ ）
	重		4（ ）	4（ ）
汁量	适中	5分	5（ ）	5（ ）
	多		3（ ）	3（ ）
	少		1（ ）	1（ ）
加工时间	适中	10分	10（ ）	10（ ）
	过长		7（ ）	7（ ）
	过短		3（. ）	3（ ）
独立操作	独立	5分	5（ ）	5（ ）
	协作完成		3（ ）	3（ ）
	指导完成		1（ ）	1（ ）
卫生	干净	10分	10（ ）	10（ ）
	一般		7（ ）	7（ ）
	差		3（ ）	3（ ）
准备工作	充分	15分	15（ ）	15（ ）
	较差		10（ ）	10（ ）
	极差		5（ ）	5（ ）
下料处理	好	10分	10（ ）	10（ ）
	不当		7（ ）	7（ ）
	差		3（ ）	3（ ）
操作工序	规范	15分	15（ ）	15（ ）
	一般		10（ ）	10（ ）
	不规范		5（ ）	5（ ）
综合成绩	A优	B良	C合格	D待合格
	85~100分	75~85分	60~75分	59分及以下

六、拓展任务

以意式扒蔬菜头盘为基础,根据自己的喜好添加至少两种开胃原料制作一份开胃头盘,并让同学、老师作出评价,见表4-2-4。

表4-2-4　实习训练评价

训练环节	分值	实训要点	学生评价	教师评价	综合评价
制作工具及制作原料准备	15分	准备制作工具及制作原料			
遵守操作工序	15分	合理安排时间和操作顺序,工作规范			
技能操作	40分	切配辅料（10分）			
		加工主料（10分）			
		调味搅拌（10分）			
		完成制作（10分）			
清洁物品	10分	清洁工具、操作台等			
制作时间	10分	45分钟			
成品菜肴	10分	造型美观、有新意、口味合适			

 七、知识链接

意大利的饮食文化

意大利菜的历史可以追溯到古罗马帝国宫廷,浓郁的文艺复兴时代佛罗伦萨的膳食情韵在意大利菜中有很好的体现,它有"欧洲大陆烹调之母"的美称。意大利菜多以海鲜作主料,牛、羊、猪、鱼、鸡、鸭、番茄、黄瓜、萝卜、青椒、大头菜、香葱作辅料烹制而成。意大利菜常用煎、炒、炸、煮、红烩或红焖的方法制作,一般配上蒜茸和干辣椒,略带小辣,火候一般是六七成熟。意大利人饮食时重视牙齿的感受,以略硬而有弹性为美,故意大利菜素有"醇浓、香鲜、断生、原汁、微辣、硬韧"的12字特色。佛罗伦萨牛排、罗马魔鬼鸡、那不勒斯烤龙虾、巴里甲鱼、奥斯勒克牛肘肉、扎马格龙沙拉、米列斯特通心粉、鸡蛋肉末沙司、板肉白豆沙拉、青椒焖鸡、烩大虾、烤鱼、冷鸡、白豆汤、火腿切面条等名食都很好地体现了这12字特色,四方游客皆闻名而来。

与大菜相比,意大利的面条、薄饼、米饭、肉肠和饮料更胜一筹。著名的意大利面条也被称为意大利粉,用面粉加鸡蛋、番茄、菠菜或其他辅料经机器加工制成,它可分为4个大类,即线状、颗粒状、中空状和空心花式状。通心粉、蚬壳粉、蝴蝶结粉、鱼茸螺蛳粉、青豆汤粉和番茄酱粉是其中最著名的,有白、红、黄、绿诸种颜色。意大利面条煮熟后有嚼劲,配以火腿、腊肉、蛤蜊、肉沫、鱼丝、奶酪、蘑菇、鲜笋、辣椒、洋葱、虾仁、青豆和各色作料,馨香可口。各种意大利面条的年产量多达200万吨,每年人均食用30公斤。

意大利薄饼就是所谓"披萨",是将油蘸面胚置于披萨铁盘中添加多种馅料(如猪肉、牛肉、火腿、黄瓜、茄子、洋葱)烘烙而成,内有干酪、番茄酱提味,上面有橄榄丝和鸡蛋丁作装饰。仅在意大利专门出售薄饼的快餐店就有2 400余家,利润颇丰。

意大利烩饭又被称作"risotto"。它是将洋葱丁、牛油与大米同炒,边炒边下葡萄酒使之吸干入味;或者用豌豆、青菜、肉汤和大米同焖,口感极佳。意大利烩饭与中国新疆维吾尔族的手抓饭异曲同工,在世界上都有很高的声誉。

意大利肉肠别名"萨拉米",与粗长滚圆的擀面杖相似,有一层粉状的白霉附在外面,切开后嫣红欲滴,香气四溢。它与德国的灌肠有一定的渊源。

意大利的饮料分为四大类型,即软饮料、低度酒、兴奋饮料、营养饮料,它们都讲究精工细作。如香槟酒有"最佳使节"的美称,"维诺"葡萄酒价廉物美,它们都是酒中骄子。意大利人有一句口头禅:"不愿花时间就别喝酒。"这一口头禅缘于这一民族悠久的嗜酒习惯,在意大利无论男女都爱品酒,甚至喝咖啡时也要掺酒来提香味,意大利人在每一餐都会留出足够的时间慢慢回味酒的余香。

意大利人请客,星期天和节日多在家中,平时去餐馆。他们有着独特的餐桌文化。首先,喝香槟酒是开席时必不可少的程序。他们轻轻撬动瓶塞,让瓶内的气体慢慢外推,突然间"呼"的一声,弹出瓶塞,宾主都以此为吉兆,鼓掌祝贺,开怀畅饮。接着上海鲜大拼盘,再饮葡萄酒。随后是4道正菜:一是什锦菜汤、烩米饭(或通心粉)、干酪;二是牛排、鱼虾或各式鸡菜、生菜;三是水果、冰淇淋之类;四是甜点及蛋糕。饭后要饮消化酒及咖啡。有钱人家的节日正菜一般多达7道,还需配置开胃的苦艾酒以及助消化的烈酒。意大利人在宴会上都很自由开放,想吃就吃,想喝便喝,并且确信古训"客人喝得高兴,主人脸上光彩"。

八、课后作业

1. 查找网络或相关书籍

（1）什么是意式扒蔬菜头盘？

（2）意式扒蔬菜头盘有哪些出菜方式（最少列举3种）？

（3）意式扒蔬菜头盘可以在什么场合应用？

2. 练习

在课余或周末为朋友、家人制作一份意式扒蔬菜头盘，并让他们写出品尝感受。

任务三 蔬菜胶冻头盘的制作

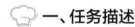

一、任务描述

[内容描述]

蔬菜胶冻头盘（vegetables jelly）的制作过程：先将各种蔬菜以及海鲜肉、禽肉、畜肉和野味制熟，然后加入用鱼胶、原汤制成的胶冻汁，再用香料、酒、调味品调制，最后放入不同的模具中摆好造型，经过冷藏凝固成形。这类菜肴可以配上酱汁和开胃小吃单独作为开胃菜，在高档冷餐会或自助餐中，这类菜肴也可以切成小份摆放在银盘或镜面上。

蔬菜胶冻头盘是西餐冷菜的传统菜肴之一，一般于夏季供应，也可常年供应，其因独特的风味、软嫩的口感以及丰富的胶原蛋白而深受人们喜爱。学习者熟练掌握蔬菜胶冻头盘的原料、制作方法和用途非常重要。

[学习目标]

（1）能够熟练掌握胶冻汁的制作方法。

（2）能够熟练运用相关工具设备、加工方法和成形技法。

（3）能够依照蔬菜胶冻头盘的制作流程在规定时间内制作完成菜品。

（4）形成良好的卫生习惯并自觉遵守行业规范。

二、相关知识

蔬菜胶冻头盘是将胡萝卜丁、豌豆、玉米粒、芹菜丁等在沸盐水或肉汤中煮熟，接着放入汤用调料和香料调味，然后用鸡蛋清把汤制成清汤，按比例加入鱼胶片制成胶冻汁，再与蔬菜丁混合均匀装入模具中，放入冰箱中冷却凝固成形，最后从模具中取出，配上酱汁和开胃小吃即可。

1. 制作胶冻类菜肴的原理

胶冻类菜肴的制作主要是利用蛋白质凝固原理,可用动物的皮、骨头和结缔组织提炼,明胶易溶于水。一般情况下溶液的整个体系是均匀的,但胶体例外,它可分为连续相与分散相,其中胶冻中蛋白质是连续相,其分子结成长链,形成网状结构;而水分子是分散相,分散在蛋白质颗粒之间,冷却后可以牢固地保持在蛋白质的网状结构中,从而形成胶冻状态。

2. 蔬菜胶冻头盘的制作要点

(1)蔬菜丁的大小应该一致。

(2)如果需要切成小份的蔬菜冻,蔬菜要选用能够煮烂的品种,比如胡萝卜、西葫芦等,否则分份时容易切烂。

(3)一定要等蔬菜冻完全凝固定型后才可以取出。

(4)胶冻汁要按照比例制作。

 三、成品标准

本菜品(图4-3-1)中蔬菜颜色搭配需鲜艳,胶冻汁清澈透亮;蔬菜冻外形整齐、干净;餐盘摆放要美观。

图4-3-1　蔬菜胶冻头盘

四、任务内容

1. 准备制作工具

制作工具见表4-3-1。

蔬菜胶冻头盘的制作

表4-3-1　制作工具

菜板 chopping board	分刀 kitchen knife	料理碗 cooking bowl
餐勺 spoon	不锈钢盆 stainless steel basin	模具 form

2. 准备制作原料

制作原料如表4-3-2、图4-3-2所示。

表4-3-2　制作原料

胡萝卜 carrot	绿豌豆 green pea	玉米粒 niblet
芹菜 celery	洋葱 onion	盐 salt
胡椒粉 pepper powder	鸡清汤 clear chicken soup	鱼胶片 galantine
混合生菜 mixed lettuces	番茄 tomato	油醋汁 vinaigrette

鱼胶片
galantine　　　绿豌豆
green pea　　　玉米粒
niblet

图4-3-2　制作原料

3. 制作流程

制作流程如图4-3-3所示。

步骤一：
先将胡萝卜、芹菜洗干净，切成5毫米左右的小丁，与绿豌豆、玉米粒分别用盐水煮6分钟，再用冷水过凉。
提示：胡萝卜丁、芹菜丁的大小应该和绿豌豆大小一致。

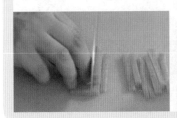 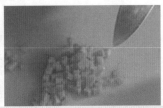 

图4-3-3　制作流程

步骤二：
将鸡清汤加入洋葱、芹菜丁和胡萝卜丁煮香捞出，加入用冷水泡软的鱼胶片煮开后离火降温，用盐和胡椒粉调味。
胶冻汁制作比例是鸡清汤1 000毫升、鱼胶片40克。

步骤三：
等胶冻汁的温度降到30℃左右时即可以装模具。首先，要先在模具的底部淋上一层厚度大约为4毫米的汁。

步骤四：
在汁还未完全凝固时，将蔬菜丁和剩下的胶冻汁混合好倒入模具中，然后放入冰箱冷藏1小时左右，直至完全定型凝固。

步骤五：
将定型凝固的蔬菜冻从冰箱中取出，如果使用金属模具，就将模具浸入热水中5秒钟迅速取出，扣放在方盘中，再放回冰箱中冷却几分钟后取出。
提示：金属模具一定不要在热水中浸泡时间过长，否则蔬菜冻会化掉。

步骤六：
将从模具中取出的蔬菜冻按一人份摆在餐盘中，配上什锦生菜、西红柿角，淋上酱汁即可。最后将操作台收拾干净。

图4-3-3　制作流程（续）

提示:
酱汁既可以用油醋汁,也可以用千岛汁,还可以用奶油辣根汁。

步骤七:
蔬菜胶冻头盘也可以切开摆在餐盘中,与烟熏三文鱼搭配,很受人们喜爱。
提示:菜品的演变是以蔬菜胶冻头盘为基础,通过不同餐盘的形状和添加不同的开胃菜原料变化。

图4-3-3 制作流程(续)

五、评价标准

要求:与小组成员合作制作完成蔬菜胶冻头盘,见表4-3-3。

表4-3-3 蔬菜胶冻头盘制作实训评价

时间:＿＿＿＿ 姓名:＿＿＿＿ 综合评价:＿＿＿＿

内容	要求	配分	互评	教师评价
原料选择	质量好	5分	5( )	5( )
	质量一般		3( )	3( )
	质量不好		1( )	1( )
口味	适中	15分	15( )	15( )
	淡薄		10( )	10( )
	浓厚		5( )	5( )
色泽	适中	10分	10( )	10( )
	清		7( )	7( )
	重		4( )	4( )
汁量	适中	5分	5( )	5( )
	多		3( )	3( )
	少		1( )	1( )
加工时间	适中	10分	10( )	10( )
	过长		7( )	7( )
	过短		3( )	3( )

续表

内容	要求	配分	互评	教师评价
独立操作	独立	5分	5（　）	5（　）
	协作完成		3（　）	3（　）
	指导完成		1（　）	1（　）
卫生	干净	10分	10（　）	10（　）
	一般		7（　）	7（　）
	差		3（　）	3（　）
准备工作	充分	15分	15（　）	15（　）
	较差		10（　）	10（　）
	极差		5（　）	5（　）
下料处理	好	10分	10（　）	10（　）
	不当		7（　）	7（　）
	差		3（　）	3（　）
操作工序	规范	15分	15（　）	15（　）
	一般		10（　）	10（　）
	不规范		5（　）	5（　）
综合成绩	A优	B良	C合格	D待合格
	85-100分	75-85分	60-75分	59分及以下

六、拓展任务

（1）灵活运用蔬菜胶冻头盘的制作方法，依据自己的喜好添加至少两种原料制作一份创新蔬菜胶冻头盘，并让同学、老师作出评价，见表4-3-4。

表4-3-4　实习训练评价

训练环节	分值	实训要点	学生评价	教师评价	综合评价
制作工具及制作原料准备	15分	准备制作工具及制作原料			
遵守操作工序	15分	合理安排时间和操作顺序，工作规范			

续表

训练环节	分值	实训要点	学生评价	教师评价	综合评价
技能操作	40分	切配辅料（10分）			
		加工主料（10分）			
		调味搅拌（10分）			
清洁物品	10分	完成制作（10分）			
		清洁工具、操作台等			
制作时间	10分	45分钟			
成品菜肴	10分	造型美观、有新意，口味合适			

（2）灵活运用蔬菜胶冻头盘的制作方法，演变制作一份海鲜胶冻头盘，并让同学、老师作出评价，见表4-3-5。

表4-3-5　实习训练评价

训练环节	分值	实训要点	学生评价	教师评价	综合评价
制作工具及制作原料准备	15分	准备制作工具及制作原料			
遵守操作工序	15分	合理安排时间和操作顺序，工作规范			
技能操作	40分	切配辅料（10分）			
		加工主料（10分）			
		调味搅拌（10分）			
		完成制作（10分）			
清洁物品	10分	清洁工具、操作台等			
制作时间	10分	45分钟			
成品菜肴	10分	造型美观、有新意，口味合适			

七、知识链接

其他胶冻类菜肴

灵活运用蔬菜冻的制作方法，可以演变制作各种各样的胶冻类菜肴（图4-3-4）。在制作过程中，主要是通过原料的种类、形状，胶冻汁的味道和颜色以及模具的大小和形状进行变化，变化的主要目的是满足实际需要。按形状划分，胶冻类菜肴可分为鱼形的、方形的以及心形的，既可以单独做成一份菜，也可以做成大型的菜肴摆在自助餐台上供人分份取食,例如番茄鱼冻、虾仁冻、豌豆冻和肉丁冻等。还可以制作各种各样的水果冻,极大地丰富了西餐冷菜。

图4-3-4　胶冻类菜肴

八、课后作业

1.查找网络或相关书籍

(1)什么是蔬菜胶冻头盘?

(2)胶冻汁的制作比例是多少?

(3)用蔬菜胶冻头盘的制作方法还可以制作哪些胶冻类菜肴?(至少列举3种)

2.练习

在课余或周末为朋友、家人制作一份蔬菜胶冻头盘,并让他们写出品尝感受。

任务四　鸡肉批头盘的制作

一、任务描述

[内容描述]

批类开胃菜在制作过程中，将各种禽类肉、畜类肉、海鲜、蔬菜等腌制的肉片或馅泥，经过绞肉机或搅拌机搅碎，然后加入白兰地或葡萄酒等调味酒，将香料和调味品搅拌成泥后，放入模具，经过蒸烤、冷冻成形后切成片，最后配上装饰菜即成为冷菜头盘。其可分为有包面皮和无包面皮两种。

批类开胃菜的制作程序繁多，为了保持其色泽、品质和卫生，一般提前预订。它是西餐冷菜中非常重要和典型的菜肴之一。熟练掌握批类开胃菜的原料、制作工艺和用途对学习者来说非常重要。

[学习目标]

（1）能够熟练掌握鸡肉泥的制作方法。

（2）能够熟练运用相关工具设备、加工方法和成形技法。

（3）能够依照鸡肉批头盘的制作流程在规定时间内制作完成菜品。

（4）形成良好的卫生习惯并自觉遵守行业规范。

二、相关知识

鸡肉批头盘（chicken terrine）的制作过程：先将鸡胸肉去除肉筋、脂肪后切成条状，然后放入盐、胡椒粉、百里香和白兰地腌制几小时后，用绞肉机绞制3遍成为细腻的肉泥，再将其与鸡蛋、淡奶油搅拌均匀，加入调料，盖上保鲜纸，放入冰箱冷置半小时，然后将瓷罐擦上黄油，将冷却之后的肉泥放入其中，盖上盖子，放入蒸烤箱（温度70℃、湿度50%）半蒸半烤1小时后取出冷却，再放入冰箱冷藏12小时，冷却后从模具中取出，切成1厘米厚的片摆在餐盘中, 最后配上混合生菜、酱汁等即可。它可以单独作为套餐中的第一道菜肴——开胃菜, 也可以出现在自助餐和高档酒会上作为重要沙拉或小吃。

半蒸半烤是制作鸡肉批头盘通常使用的方法, 制作这类菜肴的传统方法一般是将模具放入盛有热水的烤盘中, 入烤箱低温烤至成熟即可。随着科技的发展出现了万能蒸烤箱, 大量地节省了制作时间, 简化了制作程序。

鸡肉泥加工的注意事项如下:

(1)鸡胸肉上的肉筋、脂肪一定要去除干净。

(2)鸡胸肉要切成条状用绞肉机绞制3遍成细鸡肉泥。

(3)鸡肉泥加鸡蛋和淡奶油搅拌时每次要少加点, 拌匀后再继续加。

(4)鸡肉泥要朝一个方向搅拌。

三、成品标准

本菜品(图4-4-1)要求外形整齐、不散, 颜色呈乳白色, 具有浓郁的肉香味和奶香味; 切开后肉质细腻、有劲道; 蔬菜的颜色与鸡肉批协调。

图4-4-1　鸡肉批

四、任务内容

1. 准备制作工具

制作工具见表4-4-1。

鸡肉批头盘的制作

表4-4-1 制作工具

菜板 chopping board	分刀 kitchen knife	料理碗 cooking bowl
餐勺 spoon	木铲 wooded shovel	不锈钢盆 stainless steel basin
小刀 hand knife	模具 form	—

2. 准备制作原料

制作原料见表4-4-2。

表4-4-2 制作原料

鸡胸肉 chicken breast	鸡蛋 egg	淡奶油 whipping cream
百里香 thyme	胡椒粉 pepper powder	盐 salt
胡萝卜 carrot	白兰地 brandy	油醋汁 vinaigrette
什锦生菜 mixed lettuce	樱桃西红柿 cherry tomato	—

3. 制作流程

制作流程如图4-4-2所示。

步骤一：
将鸡胸肉洗干净，剔除肉筋、脂肪后切成大条，用盐、胡椒粉、百里香、白兰地拌匀，封上保鲜膜，放入冰箱里腌制半小时。
提示：
鸡肉条要封上保鲜纸放入冰箱腌制，以减少细菌的繁殖。

图4-4-2 制作流程

步骤二：
将绞肉机正确安装好，把腌好的鸡肉条放入绞肉机中绞成肉泥，然后用餐勺将肉泥再放入绞肉机中绞制两次。
提示：操作时手一定不要伸入运转的绞肉机中。绞肉机内部零件中还存有大量的肉泥，也要将其取出。

步骤三：
首先将绞好的细肉泥加入鸡蛋，用木铲顺一个方向搅拌至变稠，一共加两次，每次加两个鸡蛋；然后分两次加入淡奶油，用木铲顺一个方向搅拌至变稠；最后调味，封上保鲜纸，放入冰箱腌制1小时。
提示：加鸡蛋和淡奶油时不要一次加很多，每次少加点，而且要朝一个方向搅拌。

步骤四：
将胡萝卜去皮，切成1毫米厚的片，用沸盐水煮熟，捞出用冷水冷却，用布沾干水分。

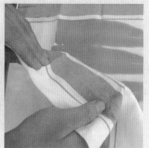

图4-4-2　制作流程（续）

步骤五：
首先在模具中铺一层保鲜纸，不要留空气，然后将拌好的鸡肉泥在模具底部铺一层，大约1厘米厚，用餐勺抹平，再将胡萝卜片在中间铺两片。

步骤六：
再次装入鸡肉泥大约半厘米厚，接着继续将胡萝卜片在中间铺两片，以此方法直至装满。
提示：胡萝卜片不要放多，以避免鸡肉批分层。

步骤七：
将装满鸡肉泥的模具放入万能蒸烤箱，设置蒸烤档（温度70℃、湿度50%），加热1小时。

图4-4-2　制作流程（续）

步骤八：
将烤好的鸡肉批放到外面自然冷却，再放入冰箱冷置一夜。将冷透的鸡肉批先用小刀贴着模具切一圈，再从模具中取出。
提示：鸡肉批一定要等到完全冷透变硬再加工制作。

步骤九：
将鸡肉批切去两头，然后切成1厘米厚的片摆在餐盘中，配上混合生菜、樱桃西红柿，淋上酱汁即可。最后将操作台收拾干净。

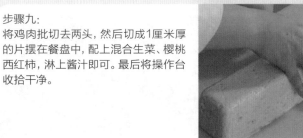

图4-4-2　制作流程（续）

五、评价标准

要求：与小组成员合作制作完成鸡肉批头盘，见表4-4-3。

表4-4-3　鸡肉批头盘制作实训评价

时间：_____　姓名：_____　综合评价：_____

内容	要求	配分	互评	教师评价
原料选择	质量好	5分	5（　　）	5（　　）
	质量一般		3（　　）	3（　　）
	质量不好		1（　　）	1（　　）
口味	适中	15分	15（　　）	15（　　）
	淡薄		10（　　）	10（　　）
	浓厚		5（　　）	5（　　）
色泽	适中	10分	10（　　）	10（　　）
	清		7（　　）	7（　　）
	重		4（　　）	4（　　）

续表

内容	要求	配分	互评	教师评价
汁量	适中	5分	5（ ）	5（ ）
	多		3（ ）	3（ ）
	少		1（ ）	1（ ）
加工时间	适中	10分	10（ ）	10（ ）
	过长		7（ ）	7（ ）
	过短		3（ ）	3（ ）
独立操作	独立	5分	5（ ）	5（ ）
	协作完成		3（ ）	3（ ）
	指导完成		1（ ）	1（ ）
卫生	干净	10分	10（ ）	10（ ）
	一般		7（ ）	7（ ）
	差		3（ ）	3（ ）
准备工作	充分	15分	15（ ）	15（ ）
	较差		10（ ）	10（ ）
	极差		5（ ）	5（ ）
下料处理	好	10分	10（ ）	10（ ）
	不当		7（ ）	7（ ）
	差		3（ ）	3（ ）
操作工序	规范	15分	15（ ）	15（ ）
	一般		10（ ）	10（ ）
	不规范		5（ ）	5（ ）
综合成绩	A优	B良	C合格	D待合格
	85-100分	75-85分	60-75分	59分及以下

六、拓展任务

（1）尝试替换鸡肉批头盘的部分原料，根据自己的喜好，结合应季的海鲜、蔬菜和水果制作一份肉批头盘，并让同学、老师作出评价，见表4-4-4。

表4-4-4　实习训练评价

训练环节	分值	实训要点	学生评价	教师评价	综合评价
制作工具及制作原料准备	15分	准备制作工具及制作原料			
遵守操作工序	15分	合理安排时间和操作顺序，工作规范			
技能操作	40分	切配辅料（10分）			
		加工主料（10分）			
		调味搅拌（10分）			
		完成制作（10分）			
清洁物品	10分	清洁工具、操作台等			
制作时间	10分	2小时			
成品菜肴	10分	口味、造型能够在原有菜品的基础上有一定的变化			

（2）灵活运用鸡肉批头盘的制作方法，突出开胃菜的特点，制作一份鱼肉批头盘，见表4-4-5。

表4-4-5　实习训练评价

训练环节	分值	实训要点	学生评价	教师评价	综合评价
制作工具及制作原料准备	15分	准备制作工具及制作原料			
遵守操作工序	15分	合理安排时间和操作顺序，工作规范			
技能操作	40分	切配辅料（10分）			
		加工主料（10分）			
		调味搅拌（10分）			
		完成制作（10分）			
清洁物品	10分	清洁工具、操作台等			
制作时间	10分	2小时			
成品菜肴	10分	口味、造型能够在原有菜品的基础上有一定的变化			

七、知识链接

批的种类

"批"由英文pie音译而来，法文为pate，是指各种用模具制成的冷菜。其主要有3种：

（1）各种熟制的肉类和肝脏，搅碎后与奶油、白兰地、葡萄酒、香料和调味品一起搅拌成泥状，然后放入模具中冷藏成形，最后将其切成片，如鹅肝酱等。

（2）各种搅碎后的生的肉类和肝脏与蔬菜丁均匀搅拌在一起，调味后将其装入模具中放入烤箱烤熟，冷藏后切片食用。

（3）熟制的海鲜和肉类与有颜色的蔬菜和明胶经过调味后，放入模具中冷藏，凝固后切片食用。

批类菜品的适用范围如下：

批类开胃菜的原材料选择范围广泛，通常选用禽肉类、畜肉类、鱼虾类，也可选择蔬菜类及动物的肝脏。制作时，由于考虑到热吃或冷吃的需要，通常采用一些质地比较嫩的部位。批类开胃菜适用于正规宴会和家庭饮宴，在大型冷餐会和酒会上最常使用。

常见批类开胃菜如图4-4-3所示，有水晶鹅肝冻、法国鹅肝酱、海鲜批等。

图4-4-3　批类开胃菜

八、课后作业

1. 查找网络或相关书籍

（1）什么是批？

（2）批分为哪几种？

（3）鸡肉批是如何制作和变化的？

2. 练习

在课余或周末为朋友、家人制作一份鸡肉批头盘或鱼肉批头盘，并让他们写出品尝感受。

单元五　小吃类菜肴的制作

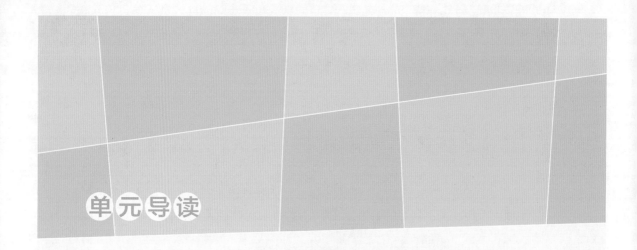

单元导读

一、单元内容

鸡尾酒会原来是指以鸡尾酒和其他饮料招待宾客的酒会,现在泛指各种酒会。酒会是餐饮自助宴会的典型形式,酒会的气氛十分随便,人们可以无拘无束地边饮边谈,它是社交的好场所。酒会布置可简可繁,可以没有固定的桌椅,客人可以站着进食,有时可设一张长桌作为主台,旁边再放几只小圆台,台上分别摆放各种酒水饮料、各种点心小吃、冷菜或热菜。台下可布置花草、盆景,周围可放几套沙发供来宾休息,客人们可以随意取食。

酒会上的小吃种类比较多,除了各种摆放精致的沙拉、肉串、奶酪串和水果以外,还有各种三明治(sandwich)、康拿批(canapés)和迪普(dip)。一般情况下它们的特点是外形小巧、制作精致、颜色鲜艳、造型美观、食用方便、品种丰富、口味独特。

二、单元简介

本单元介绍小吃类菜肴的制作,由蔬菜迪普的制作、金枪鱼三明治的制作、烟熏三文鱼康拿批的制作3个任务组成。

三、单元要求

本单元的任务要在与酒店厨房工作岗位一致的实训环境中完成。学生通过实训,能够进一步适应西餐冷菜厨房的工作环境,能够按照西餐冷菜厨房岗位工作流程完成工作任务,并在工作中培养合作意识、安全意识和卫生意识。

四、单元目标

了解小吃类菜肴的特点、原料与种类,初步掌握小吃类菜肴的制作方法,熟悉小吃类菜肴的制作要求,并能够在实际工作岗位中应用。

任务一　蔬菜迪普的制作

一、任务描述

[内容描述]

迪普是英文dip的音译，它由调味酱与主体菜两部组成，食用时将主体菜蘸调味酱后食用。迪普类开胃菜的主体菜常由各种新鲜、脆嫩的蔬菜、水果，脆饼干，小块或小根面包，香肠和熟肉构成。主体菜颜色要鲜艳、美观。主体菜常以条形出现。调味酱是主体菜的调味品，由酸奶油、酸奶酪、马乃司沙司、土豆泥等用盐、胡椒粉、柠檬汁等调味制成。一些迪普类开胃菜的调味酱中还掺有熟虾肉、熟咸肉或洋葱以增加风味。迪普类开胃菜的调味酱有冷的，也有加热熟制的。制作调味酱时，必须要使用新鲜的原料，应当注意调味酱的颜色、气味、味道和浓度，不仅应突出开胃作用和增加食欲的功能，还应方便食用。

制作迪普类开胃菜时要突出主体菜的新鲜和脆嫩，再配上浓度适中并有特色风味的调味酱，使用造型独特的餐盘盛放，以刺激食欲。迪普类开胃菜通常和其他开胃菜组合在一起出现在各种形式的酒会上。

[学习目标]

（1）能够正确使用相关工具设备、合理运用加工方法和成形技法。

（2）能够按照蔬菜迪普（vegetables dip）的制作流程在规定时间内完成菜品的制作。

（3）养成良好的卫生习惯并自觉遵守行业规范。

二、相关知识

蔬菜迪普也分为主体菜和调味酱两个部分。它的主体菜只用各种新鲜、脆嫩的蔬菜，例如黄瓜、芹菜心、胡萝卜、柿子椒、芦笋等。将择洗干净的蔬菜切成细条状，放在造型独特的容器中，再配上千岛酱、酸奶酱或加入熟肉泥的酱，蘸食。

三、成品标准

酱汁的颜色、味道和稠度都要浓重些，主体菜要新鲜、脆嫩、颜色鲜艳，如图5-1-1所示。

图5-1-1　蔬菜迪普

四、任务内容

1. 准备制作工具

制作工具见表5-1-1。

蔬菜迪普的制作

表5-1-1　制作工具

菜板 chopping board	分刀 kitchen knife	料理碗 cooking bowl
餐勺 spoon	玻璃碗 glass bowl	打蛋器 whisk

2. 准备制作原料

制作原料如图5-1-2所示。

胡萝卜 carrot	黄瓜 cucumber	柿子椒 paprika
芹菜 celery	芦笋 asparagus	柠檬汁 lemon juice
白兰地 brandy	李派林汁 worcestershire sauce	番茄沙司 ketchup
盐 salt	胡椒粉 pepper powder	沙拉酱 mayonnaise

图5-1-2 制作原料

法香
parsley

煮鸡蛋、酸黄瓜、花生碎
chopped egg、pickled
cucumber、peanut

辣根酱
mashed horseradish

图5-1-2 制作原料（续）

3. 制作流程

制作流程如图5-1-3所示。

步骤一：
将择洗干净的胡萝卜、黄瓜、芦笋去皮，将胡萝卜、芹菜、黄瓜和柿子椒分别切成细条状，鲜芦笋要用盐水煮几分钟才可食用。

步骤二：
将切好的蔬菜条按照颜色和高低在杯状餐具中码放好。

步骤三：
将马乃司沙司与番茄沙司按照1:1的比例混合搅拌均匀后，加入白兰地、李派林汁、辣根酱、柠檬汁、法香碎和鸡蛋、酸黄瓜、花生碎混匀，用盐和胡椒粉调味即可。

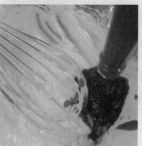 

图5-1-3 制作流程

提示:
酱汁要浓稠一些。

步骤四: 将调好味的酱汁装入容器中, 并用一小朵法香放在酱汁上作装饰, 再同装蔬菜的容器一起摆在餐盘中即可。

图5-1-3　制作流程（续）

五、评价标准

要求: 和小组成员一起, 合作完成蔬菜迪普的制作, 见表5-1-2。

表5-1-2　蔬菜迪普制作实训评价

时间:＿＿＿＿＿＿　姓名:＿＿＿＿＿＿　综合评价:＿＿＿＿＿＿

内容	要求	配分	互评	教师评价
原料选择	质量好	5分	5(　　)	5(　　)
	质量一般		3(　　)	3(　　)
	质量不好		1(　　)	1(　　)
口味	适中	15分	15(　　)	15(　　)
	淡薄		10(　　)	10(　　)
	浓厚		5(　　)	5(　　)
色泽	适中	10分	10(　　)	10(　　)
	清		7(　　)	7(　　)
	重		4(　　)	4(　　)
汁量	适中	5分	5(　　)	5(　　)
	多		3(　　)	3(　　)
	少		1(　　)	1(　　)
加工时间	适中	10分	10(　　)	10(　　)
	过长		7(　　)	7(　　)
	过短		3(　　)	3(　　)

续表

内容	要求	配分	互评	教师评价
独立操作	独立	5分	5（　　）	5（　　）
	协作完成		3（　　）	3（　　）
	指导完成		1（　　）	1（　　）
卫生	干净	10分	10（　　）	10（　　）
	一般		7（　　）	7（　　）
	差		3（　　）	3（　　）
准备工作	充分	15分	15（　　）	15（　　）
	较差		10（　　）	10（　　）
	极差		5（　　）	5（　　）
下料处理	好	10分	10（　　）	10（　　）
	不当		7（　　）	7（　　）
	差		3（　　）	3（　　）
操作工序	规范	15分	15（　　）	15（　　）
	一般		10（　　）	10（　　）
	不规范		5（　　）	5（　　）
综合成绩	A优	B良	C合格	D待合格
	85~100分	75~85分	60~75分	59分及以下

🍳 六、拓展任务

（1）制作3种不同的迪普，不同的酱料搭配不同的主题，并请老师、同学作出评价，见表5-1-3。

表5-1-3　实习训练评价

训练环节	分值	实训要点	学生评价	教师评价	综合评价
制作工具及制作原料准备	15分	准备制作工具及制作原料			
遵守操作工序	15分	合理安排时间和操作顺序，工作规范			
技能操作	40分	切配辅料（10分）			
		放入调料（10分）			

续表

训练环节	分值	实训要点	学生评价	教师评价	综合评价
技能操作	40分	调味搅拌（15分）			
		完成制作（5分）			
清洁物品	10分	清洁工具、操作台等			
制作时间	10分	45分钟			
口味	10分	酸甜、鲜香			

（2）设计制作一套适合中学生生日派对食用的迪普，结合学习过的酱汁知识和技法进行变化，注意菜品造型和原料之间的口味搭配，见表5-1-4。

表5-1-4　实习训练评价

训练环节	分值	实训要点	学生评价	教师评价	综合评价
制作工具及制作原料准备	15分	准备制作工具及制作原料			
遵守操作工序	15分	合理安排时间和操作顺序，工作规范			
技能操作	30分	切配辅料（5分）			
		加工主料（5分）			
		调味搅拌（10分）			
		完成制作（10分）			
清洁物品	10分	清洁工具、操作台等			
制作时间	10分	20分钟			
口味	10分	酸甜、鲜香			
创新度	10分	口味、造型能够在原有菜品的基础上有一定的变化			

 七、知识链接

鸡尾酒会介绍

鸡尾酒会是一种轻松随意的聚会形式，其性质与沙龙类似。主人以酒、饮料、小吃为主要食品招待客人。

酒会的基本类型：

（1）冷餐酒会。用于庆祝、欢迎和其他目的会议用餐、团体用餐等，以提供各种酒和冷菜、点心为主的酒会。

（2）鸡尾酒会。以提供各种鸡尾酒和点心为主的酒会。

（3）自助餐酒会。除了提供各种鸡尾酒外，点心和菜肴都相对冷餐酒会、鸡尾酒会多一些。

鸡尾酒会的举办时间：

午餐鸡尾酒会的时间一般是正午12时至下午1时45分；商务鸡尾酒会的时间一般是上午11时30分至中午12时30分或下午1时；晚餐鸡尾酒会的时间一般是下午6时或6时30分至7时30分或8时。

酒会邀请一般是提前一两周左右电话发出，来客可以迟到，可以早退，着装可以轻松随意，甚至可以穿便服。

鸡尾酒会的内容：

鸡尾酒会名为酒会，实则是为客人们提供一个交流倾谈的机会，客人们一般站着举杯交谈，轻松随意，仅有的几把椅子是为年龄较大的客人准备的，年轻人一般不会坐。

鸡尾酒会的食物：

酒的品种较多，以葡萄酒为主，烈性酒较少。另外，如啤酒、可口可乐、矿泉水、橙汁、雪碧等常见饮料配备齐全，可向客人提供不同酒类配合调制的混合饮料（即鸡尾酒），还备有小吃，如三明治、面包、小鱼肠、炸春卷等。所准备的点心一定要让客人能站着方便地食用。以小巧精致的干点为佳，不要有汤水，也不能有咬一口碎屑四溅的食物。酒水不要倒得太满，大半杯最合适。

鸡尾酒会的礼仪：

鸡尾酒会上的个人举止很重要，而饮酒礼仪更讲究，如不可牛饮，不可劝酒、灌酒，而应斯文地小口品尝。如果第一次饮用某种酒，最好先尝试一下，即先喝一小口，不要急着下咽，而是在口中充分品味，看是否适合自己的口味。喝酒要适可而止，避免出现事故。忌酒、戒酒者可将自己的情况如实告人。如因拒绝饮酒而把酒杯反扣在桌上，是失礼行为。不饮酒者可以饮料代酒与人干杯。

酒的饮法：

饮酒次序是，先从度数低的酒开始，逐渐升级，最后饮少许烈性酒；先喝甜酒，后喝干（不甜）酒；先喝白酒，后喝红酒。饮用常温酒时，手可握杯身，而饮用带冰块的酒、鸡尾酒或其他冰镇酒，则不能手握杯子的盛酒部分，而应手持酒杯杯脚，以免让适温斟上的酒变热，影响酒的口感。

八、课后作业

1.查找网络或相关书籍

（1）迪普由哪几部分组成？

（2）哪些原料适合制作迪普吗？

2.练习

在课余或周末为朋友、家人设计制作一份迪普，并让他们写出品尝感受。

任务二 金枪鱼三明治的制作

一、任务描述

[内容描述]

三明治在欧美国家很受欢迎,在午餐中最为常见,在早餐和快餐中也常出现,甚至在酒会、自助餐中也是不可或缺的食物。三明治是英文sandwich的音译,有时也叫"三文治"。三明治通常由4个部分组成,即两片面包片、各种熟制的肉类原料、蔬菜和各种调味酱。三明治的搭配比较自由,可以根据人们的用餐习惯、市场流行的口味和形状、季节的变化、使用的规格要求,设计制作不同口味的三明治来满足客人的需要。

三明治种类丰富,主要有油炸三明治、烤扒式三明治、茶歇式三明治、常规三明治、开放式三明治以及多层式三明治,后3种比较普遍。常规三明治是将两片面包片或一个小面包切成两半,涂上调味酱,中间夹上热或冷肉类食物,配上蔬菜、奶酪片,这类三明治包括冷三明治和汉堡包。开放式三明治是在一片面包片上涂上调味酱,摆上冷或热的肉类食物,最上面放奶酪和装饰,有时还可以焗烤上色,使用刀叉食用。多层式三明治就是在多片面包片中间夹上烟熏或熟制的鸡肉、牛肉、猪肉、鱼肉、生菜、酸黄瓜、西红柿和洋葱圈等。

熟练掌握三明治的种类、用途、原料和制作方法,对学习者来说非常重要。

[学习目标]

(1)能够熟练运用相关工具设备、加工方法和成形技法。

(2)能够依照金枪鱼三明治的制作流程在规定时间内制作完成菜品。

(3)形成良好的卫生习惯并自觉遵守行业规范。

二、相关知识

金枪鱼三明治（tuna fish sandwich）又称为檀香山三明治，其是在两片面包片中间夹上由压碎的熟金枪鱼肉与酸黄瓜碎、洋葱碎、盐、胡椒粉、柠檬汁和沙拉酱拌匀的馅，去掉四边后对角切成三角形摆在餐盘中，搭配上薯条和蔬菜沙拉一起食用即可。

油炸三明治即法式三明治，其是将涂有黄油，夹有鸡肉片或者火鸡肉片、火腿肉片以及奶酪片的两片面包片，用两根牙签固定，然后蘸上由鸡蛋、牛奶混合均匀的蛋液，随后将其放入180℃的油中炸成金黄色，沿对角线切成4块摆在盘中，最后装饰上适量的生菜、黄瓜和西红柿。

金枪鱼三明治也可以根据需要做成小份的开放式三明治或者多层式三明治。可以用薯片代替炸薯条。制作火腿三明治、鸡蛋三明治、奶酪三明治等时可以灵活借鉴制作金枪鱼三明治的方法。

 三、成品标准

本菜品（图5-2-1）中金枪鱼肉细腻、抱团，三明治切口整齐、对称，薯条颜色金黄，口感外焦内软，蔬菜沙拉红白相间且无水分渗出，摆放整齐、美观。

图5-2-1　金枪鱼三明治

金枪鱼三明治的制作

四、任务内容

1. 准备制作工具

制作工具见表5-2-1。

表5-2-1　制作工具

菜板 chopping board	分刀 kitchen knife	料理碗 cooking bowl
餐勺 spoon	面包刀 bread knife	面包片烤炉（多士炉） toaster

2. 准备制作原料

制作原料见表5-2-2。

表5-2-2　制作原料

面包片 toast	金枪鱼肉 tuna fish	酸黄瓜 pickled cucumber
洋葱 onion	盐 salt	胡椒粉 pepper powder
柠檬汁 lemon juice	沙拉酱 mayonnaise	胡萝卜 carrot
圆白菜 cabbage	土豆 potato	西红柿 tomato

3. 制作流程

制作流程如图5-2-2所示。

步骤一:
把金枪鱼肉用小勺压碎,将酸黄瓜、洋葱切碎,和金枪鱼肉泥混合在一起,加盐、胡椒粉、柠檬汁和沙拉酱搅拌均匀制成金枪鱼酱。
提示:酸黄瓜切碎后一定要把水分攥干,避免出现汤汁,影响菜品的质量。金枪鱼肉泥、酸黄瓜和洋葱碎的大小不应超过米粒。

步骤二:
将圆白菜、胡萝卜分别切成火柴棍粗细的丝,然后加入盐拌匀腌半小时杀出水后,将水分攥干,再放入盐、胡椒粉、柠檬汁和沙拉酱搅拌均匀。
提示:圆白菜、胡萝卜切成丝后要用盐杀水并把水分攥干,避免出现过多的水分,影响菜品质量。

步骤三:
将土豆洗净去皮,切成小拇指粗细的条,用水将土豆表面的淀粉洗干净,并用干布把水分沾干,再放入180℃的热油中炸成金黄色捞出控油,放入不锈钢盆中,撒盐和胡椒粉拌匀。
提示:炸薯条的油温要高,以保证薯条颜色金黄、外焦里软,捞出后油要控干净,避免食用时过分油腻。

图5-2-2　制作流程

步骤四：
将两片面包片放入面包炉烤成金黄色（也可以不烤），摆在菜板上。

步骤五：
把拌好的金枪鱼酱用小勺均匀地抹在其中的一片面包片上，酱的厚度在3毫米左右。

步骤六：
将另外一片面包片压在上面。

步骤七：
用面包刀切去四边。

步骤八：
沿对角线将三明治切成两个三角形。
提示：沿对角沿切的时候，另外一只手需要伸出两个手指配合压住三明治，避免切的时候面包片分开。

步骤九：
将两个金枪鱼三明治摆在餐盘中，将炸好的薯条配在边上，蔬菜沙拉团成两个椭圆形的球摆在最上面。

步骤十：
再放入一个金枪鱼三明治，将制作好的沙拉堆放在三明治的一旁。

步骤十一：
将制作好的炸薯条整齐堆放在三明治旁边。

步骤十二：
将西红柿角放在蔬菜沙拉边上，一定要用手布或餐巾纸把餐盘边上擦拭干净，保证餐盘整洁。最后将操作台收拾干净。

图5-2-2　制作流程（续）

🍳 五、评价标准

要求: 与小组成员合作制作完成金枪鱼三明治, 见表5-2-3。

表5-2-3　金枪鱼三明治制作实训评价

时间: _____　姓名: _____　综合评价: _____

内容	要求	配分	互评	教师评价
原料选择	质量好	5分	5(　　)	5(　　)
	质量一般		3(　　)	3(　　)
	质量不好		1(　　)	1(　　)
口味	适中	15分	15(　　)	15(　　)
	淡薄		10(　　)	10(　　)
	浓厚		5(　　)	5(　　)
色泽	适中	10分	10(　　)	10(　　)
	清		7(　　)	7(　　)
	重		4(　　)	4(　　)
汁量	适中	5分	5(　　)	5(　　)
	多		3(　　)	3(　　)
	少		1(　　)	1(　　)
加工时间	适中	10分	10(　　)	10(　　)
	过长		7(　　)	7(　　)
	过短		3(　　)	3(　　)
独立操作	独立	5分	5(　　)	5(　　)
	协作完成		3(　　)	3(　　)
	指导完成		1(　　)	1(　　)
卫生	干净	10分	10(　　)	10(　　)
	一般		7(　　)	7(　　)
	差		3(　　)	3(　　)
准备工作	充分	15分	15(　　)	15(　　)
	较差		10(　　)	10(　　)
	极差		5(　　)	5(　　)

内容	要求	配分	互评	教师评价
下料处理	好	10分	10（　　）	10（　　）
	不当		7（　　）	7（　　）
	差		3（　　）	3（　　）
操作工序	规范	15分	15（　　）	15（　　）
	一般		10（　　）	10（　　）
	不规范		5（　　）	5（　　）
综合成绩	A优	B良	C合格	D待合格
	85~100分	75~85分	60~75分	59分及以下

六、拓展任务

以金枪鱼三明治的制作方法为基础，突出菜肴的特点：

（1）结合学习过的菜品制作方法，根据自己的喜好制作一份开放式三明治，利用不同的原料进行演变，见表5-2-4。

表5-2-4　实习训练评价

训练环节	分值	实训要点	学生评价	教师评价	综合评价
制作工具及制作原料准备	15分	准备制作工具及制作原料			
遵守操作工序	15分	合理安排时间和操作顺序，工作规范			
技能操作	40分	切配辅料（10分）			
		放入调料（10分）			
		调味搅拌（15分）			
		完成制作（5分）			
清洁物品	10分	清洁工具、操作台等			
制作时间	10分	30分钟			
口味	10分	微酸、鲜香			

（2）灵活运用学习过的菜品制作方法和煎、扒或烤的烹调技法，制作一份多层式三明治——总汇三明治，可以选用鸡蛋、鸡肉、培根和火腿等原料制作，注意菜品造型的美观，协调酱料和原料之间的口味搭配，见表5-2-5。

表5-2-5 实习训练评价

训练环节	分值	实训要点	学生评价	教师评价	综合评价
制作工具及制作原料准备	15分	准备制作工具及制作原料			
遵守操作工序	15分	合理安排时间和操作顺序，工作规范			
技能操作	30分	切配辅料（5分）			
		加工主料（5分）			
		调味搅拌（10分）			
		完成制作（10分）			
清洁物品	10分	清洁工具、操作台等			
制作时间	10分	20分钟			
口味	10分	酸甜、鲜香			
创新度	10分	口味、造型能够在原有菜品的基础上有一定的变化			

 七、知识链接

三明治的历史

三明治和蛋糕有着几乎一样的历史，只是最初没有一个特定的名字。关于三明治的来历，还有一个有趣的故事。

"三明治"本是大不列颠王国一个侯爵的封号。他的领地在英国东南部是一个很普通的小镇，镇上有一位第四代的三明治侯爵叫约翰·蒙泰古（John Montagu，1718—1792）。他是个酷爱玩纸牌的贵族老爷，整天沉溺于纸牌游戏，已经到了废寝忘食的地步，这给每天照顾他饮食的仆人带来了很大的困难。迫于无奈，仆人只好将一些菜肴、鸡蛋和腊肠夹在两片面包片之间，这样他就可以边玩边吃了。

让人意想不到的是蒙泰古见了这种食物很是喜爱，并随口就把它起名为"sandwich"，以后饿了就喊："拿Sandwich来!"其他赌徒见到这种方便的饮食方式，也争相仿效，三明治便成了人们玩牌时常吃的食物。没过多久，三明治就在英伦三岛流传开了，后来食用三明治在欧洲大陆和美国也成为一种风尚。不仅如此，在美国，甚至其他用面包做外皮的食品也被视为三明治的一种，例如墨西哥薄饼、面包卷和汉堡。

如今三明治已经由当初的单一品种演变出了许多新品种。比如有夹鸡肉片或火鸡肉片、咸肉、莴苣、番茄的"夜总会三明治"；有夹咸牛肉、瑞士奶酪、泡菜并用俄式浇头盖在黑面包片上的"劳本三明治"；有夹鱼酱、黄瓜、水芹菜、西红柿的"饮茶专用三明治"，等等。在法国，制作三明治时面包片已经不是最常见的选择，最常用的是棍状面包或面卷，比如法国"潜艇包"，即"潜艇三明治"，它是用法国棍面包从中切开加上配料做成的，通常约12寸长、3寸宽，一般由肉类、奶酪、生菜、番茄、调味料、一般酱组合而成。北欧人的传统食物——开口三明治采用一片面包片，加上肉、鱼、奶酪等，顶部什么都不放，这是纳维亚人的传统。

八、课后作业

1.查找网络或相关书籍

（1）什么是三明治?

（2）三明治有哪些品种?

2.练习

在课余或周末为朋友、家人制作一款三明治，并让他们写出品尝感受。

任务三 烟熏三文鱼康拿批的制作

一、任务描述

[内容描述]

康拿批（canapés）是以各种面包、饼干、水果、蔬菜和海鲜、肉类为底托，底托上面放有与底托相适应的各种少量的或小块的冷鱼、冷肉、酸黄瓜、熟鸡蛋、鹅肝酱或鱼子酱等。康拿批通常由4个部分或3个部分组成。含有4个部分的康拿批包括底托、调味酱、主体菜和装饰菜；含有3个部分的康拿批中的调味酱与主体菜结合成一体，这种主体菜常由沙拉或含有熟海鲜肉末的调味酱组成。

许多西餐专家们也会直接将康拿批称为开放式的小三明治。此外，以脆嫩的蔬菜或鸡蛋为底托的小型开胃食品也称为康拿批。康拿批类开胃菜的主要特点是，食用时不用刀叉，也不用牙签，直接拿取入口。康拿批的大小约是人们食用时一次或两次放入口内的容量，非常适合在各种形式的酒会、派对上使用。同时，其形状讲究艺术性，装饰菜或装饰品有诱人的魅力。

[学习目标]

（1）能够正确使用相关工具设备，合理运用加工方法和成形技法。

（2）能够按照烟熏三文鱼康拿批制的作流程在规定时间内完成菜品的制作。

（3）养成良好的卫生习惯并自觉遵守行业规范。

二、相关知识

烟熏三文鱼康拿批（smokedsalmon canapés）是将面包片烤上色后去边切成正方形或其他形状，在上面抹上黄油或其他调味酱，将卷成花状的烟熏三文鱼片摆在上面，再把淡奶油打发，加入辣根酱、盐、胡椒粉和柠檬汁调味，放在鱼卷上，用法香或莳萝装饰即可。

1. 康拿批的命名原则

主体菜是康拿批最主要的组成部分,它常以烟熏三文鱼、熟制的海鲜肉、熟的畜肉、火腿肉、鱼子酱等为原料,摆在底托的调味酱上面。由于主体菜是康拿批中最主要的部分,通常,康拿批的名称就根据主体菜原料的名称命名。

2. 康拿批的变化方法

康拿批的变化主要是根据不同的需求,通过变化底托、调味酱、主体菜和装饰菜的原料种类、形状、口味和搭配方法来达到要求的。康拿批的任何原料都应当保持统一的大小,使整体外观整齐、朴实,过分的修饰反而影响康拿批的美观。

🍳 三、成品标准

三文鱼片切得不要太厚,控制在2毫米以内;将鱼皮一侧的肉向上卷在里侧,把颜色鲜艳的一面向外;奶油辣根酱要少放盐,多放柠檬汁;摆盘时,注意相互间的位置和距离,如图5-3-1所示。

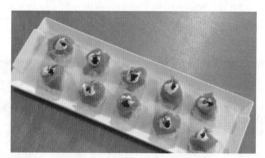

图5-3-1　烟熏三文鱼康拿批

🍳 四、任务内容

1. 准备制作工具

制作工具见表5-3-1。

烟熏三文鱼康拿批的制作

表5-3-1　制作工具

菜板 chopping board	分刀 kitchen knife	料理碗 cooking bowl
餐勺 spoon	打蛋器 whisk	餐盘 dish plate

2．准备制作原料

制作原料见表5-3-2。

表5-3-2　制作原料

烟熏三文鱼 smoked salmon	面包片 toast	柠檬汁 lemon juice
淡奶油 whipping cream	辣根酱 horseradish	莳萝 dill
胡椒粉 pepper powder	盐 salt	鱼子酱 caviar

3．制作流程

制作流程如图5-3-2所示。

步骤一：
将面包片放入面包炉或烤箱烤成金黄色。
提示：如果面包片烤糊了，可以用小刀将面包片的表面糊的部分轻轻刮掉。

步骤二：
用圆形模具将面包片戳成圆形。
提示：切掉的面包片下脚料不要扔掉，可以用来制作面包糠。

步骤三：
将戳好的圆形面包片抹上沙拉酱或黄油。
提示：还可以根据需要将面包片切成不同的形状。

步骤四：
将烟熏三文鱼片的深色肉切掉。

步骤五：
将烟熏三文鱼片的顶部向内折一下，再从一端向另一端卷成花状。将卷好的鱼花摆在底托上，将淡奶油打发，再加上辣根酱、胡椒粉、盐和柠檬汁拌匀调味，用小勺放在鱼花的中央。

图5-3-2　制作流程

步骤六:
将鱼子酱和香草放在奶油辣根酱的上面
作装饰。

步骤七:
将制作好的菜品摆在餐盘中,最后将操
作台收拾干净。
提示: 康拿批的所有原料的大小都应当
统一,以使整体外观整齐、朴实,过分的
修饰反而影响康拿批的美观。

图5-3-2 制作流程(续)

五、评价标准

要求: 与小组成员合作完成烟熏三文鱼康拿批的制作,见表5-3-3。

表5-3-3 烟熏三文鱼康拿批制作实训评价

时间:_____ 姓名:_____ 综合评价:_____

内容	要求	配分	互评	教师评价
原料选择	质量好	5分	5( )	5( )
	质量一般		3( )	3( )
	质量不好		1( )	1( )
口味	适中	15分	15( )	15( )
	淡薄		10( )	10( )
	浓厚		5( )	5( )
色泽	适中	10分	10( )	10( )
	清		7( )	7( )
	重		4( )	4( )

续表

内容	要求	配分	互评	教师评价
汁量	适中	5分	5(　　)	5(　　)
	多		3(　　)	3(　　)
	少		1(　　)	1(　　)
加工时间	适中	10分	10(　　)	10(　　)
	过长		7(　　)	7(　　)
	过短		3(　　)	3(　　)
独立操作	独立	5分	5(　　)	5(　　)
	协作完成		3(　　)	3(　　)
	指导完成		1(　　)	1(　　)
卫生	干净	10分	10(　　)	10(　　)
	一般		7(　　)	7(　　)
	差		3(　　)	3(　　)
准备工作	充分	15分	15(　　)	15(　　)
	较差		10(　　)	10(　　)
	极差		5(　　)	5(　　)
下料处理	好	10分	10(　　)	10(　　)
	不当		7(　　)	7(　　)
	差		3(　　)	3(　　)
操作工序	规范	15分	15(　　)	15(　　)
	一般		10(　　)	10(　　)
	不规范		5(　　)	5(　　)
综合成绩	A优	B良	C合格	D待合格
	85–100分	75–85分	60–75分	59分及以下

六、拓展任务

（1）以烟熏三文鱼康拿批的制作方法为基础，突出开胃菜肴的特点，结合学习过的知识和技能制作一份虾仁康拿批（可以结合学习过的虾仁鸡尾头盘进行变化），见表5-3-4。

表5-3-4 实习训练评价

训练环节	分值	实训要点	学生评价	教师评价	综合评价
制作工具及制作原料准备	15分	准备制作工具及制作原料			
遵守操作工序	15分	合理安排时间和操作顺序，工作规范			
技能操作	40分	切配辅料（10分）			
		加工主料（10分）			
		调味搅拌（15分）			
		完成制作（5分）			
清洁物品	10分	清洁工具、操作台等			
制作时间	10分	40分钟			
口味	10分	微酸、鲜香			

（2）以小组为单位，结合一个10人的节日派对、每人10份的量，设计制作10种康那批，要求结合学习过的各种沙拉、开胃菜、酒会小吃和酱汁的制作方法进行制作，注意菜品造型、口味和各部分之间的搭配，见表5-3-5。

表5-3-5 实习训练评价

训练环节	分值	实训要点	学生评价	教师评价	综合评价
制作工具及制作原料准备	15分	准备制作工具及制作原料			
遵守操作工序	15分	合理安排时间和操作顺序，工作规范			
技能操作	30分	切配辅料（5分）			
		加工主料（5分）			
		调味搅拌（10分）			

续表

训练环节	分值	实训要点	学生评价	教师评价	综合评价
技能操作		完成制作（10分）			
清洁物品	10分	清洁工具、操作台等			
制作时间	10分	20分钟			
口味	10分	鲜香、微酸			
创新度	10分	口味、造型能够在原有菜品的基础上有一定的变化			

七、知识链接

康拿批

康拿批由3个或4个部分组成。含有4个部分的康拿批包括底托、调味酱、主体菜和装饰菜；含有3个部分的康拿批中的调味酱与主体菜结合成一体，这种主体菜常由各种沙拉或含有熟海鲜肉末的调味酱组成。

1. 底托

底托是垫底的食品。康拿批的底托通常是各种面包片、脆饼干、酥脆面皮、鲜嫩的蔬菜和水果块或片等。底托在康拿批的底部。常用的面包有：

（1）Pullman bread：长方形面包。

（2）Rye bread：黑麦面包。

（3）BostonBrown：深色，带有甜味的面包，其中带有部分玉米粉、黑麦、蜂蜜、酸牛奶，有时掺入少许葡萄干和干果仁。

（4）Baguette：外皮酥脆的长棍形面包。

（5）Pumpernickel：德国风味、由黑麦和普通小麦两种原料制作、带有酸味的面包。

（6）Mellba toast：烤得很干的薄面包片。

蔬菜包括嫩黄瓜片、芹菜、鲜蘑、鲜嫩的生菜等。

水果包括黄桃、奇异果、蜜瓜、木瓜、牛油果等含水分较少的水果。

制作康拿批的底托时，应当选用新鲜和脆嫩的原料。例如，酥脆的并且不带甜味的饼干和烘烤过的面包片、黄瓜、鲜蘑菇和酥脆的生菜等。

以面包为康拿批的底托时，先切去面包外部的皮，将面包切成4毫米厚的片，然后放在面包炉中烤成金黄色，晾凉后，抹上调味酱，再将面包切成理想的形状。另一种方法是将面包切成各种形状，例如三角形、圆形、正方形、长方形、六角形和梅花形等，然后在面包片的两面先刷上融化的黄油，放入烤箱中烤成金黄色，这种经过成形和烘烤的面包片称为酥脆片（crouton）。但是这种方法增加了康拿批的成本，因此制作康拿批的底托时，可以根据餐厅需求决定制作方法。

2. 调味酱

调味酱是康拿批中的调味品。它是由盐和胡椒粉等调味的黄油、奶酪、熟肉类或鱼类制作的各种调味酱，或由熟鸡肉、熟鱼肉、熟海鲜制作的沙拉等。它常常被抹在面包片或脆饼干上。

制作康拿批的调味酱时，应将味道突出的调味品掺入黄油或带有酸味的软奶酪中。只有康拿批的调味酱有特色的味道，才能使康拿批具有刺激食欲的作用。通常有3种类型的康拿批调味酱：

（1）以黄油为基本原料制作的调味酱。

通常在黄油中加入柠檬汁、香菜末、龙蒿末、青葱末、大蒜末、黑鱼子酱、鱼肉酱、芥末酱、辣根酱、咖喱粉、蓝纹奶酪末（Blue Cheese）、熟虾仁肉酱等，然后用盐调味。

（2）以软奶酪为基础制作的调味酱。

通常掺入黄油、气味更浓烈的奶酪酱或末、波特葡萄酒（Port）、辣椒酱、芥末酱、龙蒿末或叶蒿末和香菜末等。

（3）以畜肉或海鲜为原料制作的沙拉。

尽管它的名称是沙拉，然而与沙拉仍然有区别。这种沙拉的原料都被切成碎末，使用少量沙拉酱搅拌，以保证调味酱的稠度。常用的康拿批沙拉有金枪鱼沙拉、三文鱼沙拉、鸡肉沙拉、虾肉沙拉、火腿沙拉和鸡肝酱沙拉等。

3. 主体菜

主体菜常以熏三文鱼、熟制的海鲜肉、熟制的畜肉、火腿肉、鱼子酱等为原料，摆在底托的调味酱上面。

主体菜是康拿批最主要的部分。通常，康拿批根据主体菜原料的名称命名。主体菜的位置在康拿批调味酱的上面，常用的主体菜的原料有熏制的蚝肉和蛤肉、熏制的三文鱼、罐头沙丁鱼、熟制的虾肉和蟹肉、黑鱼子酱、红鱼子酱、熟制的火腿肉、香肠、烤熟的牛肉、熏制的牛舌、奶酪和熏制的鸡蛋等。主体菜应当以薄片、条状或小的块状为主,它的形状和大小应当与底托协调。

4.装饰菜

在康拿批的最上方常常摆放着由植物或动物原料构成的装饰菜,如香菜、橄榄、柠檬条、胡萝卜条、青椒条等,这些原料常以它们的颜色或质地为特色,为康拿批作装饰。装饰菜也可做成装饰品。

装饰菜在康拿批中起着装饰的作用,选择装饰菜原料时应当注意颜色、质地、味道和形状。所选择的装饰菜的特色必须与主体菜的特点形成对比或补充。常用的装饰菜原料有橄榄、酸黄瓜、芦笋尖、鲜黄瓜片、香菜、小西红柿、腌制的鲜蘑菇、水瓜柳、水田芹(watercress)、柠檬皮、胡萝卜、青甜辣椒和红甜辣椒等。

5.康拿批整体组合

组合康拿批前,首先准备好康拿批的底托、调味酱、主体菜和装饰菜,尤其制作数量较大时一定要提前准备好,尽量在上桌前制作。如果需要量较大而必须在开餐前制作时,制作完毕后应当将它们放在大浅盘内,盖上塑料薄膜,放入冷藏箱内,待需要时立即上桌。

康拿批所选用的底托、调味酱、主体菜和装饰菜在颜色、味道上必须协调和互补,例如黑鱼子酱配洋葱末、熏鸡蛋片配水瓜柳、火腿片配鲜芦笋尖、意大利香肠配酸黄瓜片、熟虾仁配香菜等。必须注意其中的一种原料是特别有特色的,并且是有味道的。康拿批的任何原料的大小都应当统一,以使整体外观整齐、朴实,过分的修饰反而影响康拿批的美观。餐厅也可以将不同颜色、造型、风味的康拿批摆放入手推餐车进行销售。

八、课后作业

1.查找网络或相关书籍

(1)什么是康拿批?

(2)康拿批有哪些种类?

(3)康拿批有什么用途?

2.练习

在课余或周末尝试将康拿批的原料替换,利用应季蔬菜结合康拿批的制作方法为亲人、朋友制作一款有特色的康拿批,并让他们写出品尝感受。

附　录

附录1　西餐烹饪常用原料中、英文对照

一般商品分类：

biscuit	饼干类
snack	小吃
crisp	各式薯片
confectionery	糖果类
pet food	宠物食品
cereal	谷类食品
poultry	家禽类
pickle	各式腌菜

A. 肉类

鸡肉类

fresh grade leg	新鲜大鸡腿
fresh grade breast	新鲜鸡胸肉
chicken drumstick	鸡腿
chicken wing	鸡翅膀
chicken liver	鸡肝

猪肉类

minced steak	肉馅
pig liver	猪肝
pig feet	猪脚
pig kidney	猪腰

pig heart	猪心
pork steak	无骨猪排
pork chop	带骨猪排
rolled pork loin	卷好的腰部瘦肉
rolled pork belly	卷好的带皮猪腩
pork sausage meat	做香肠的绞肉
smoked bacon	熏肉
pork fillet	里脊肉
spare rib pork chop	带肉猪小排
spare rib of pork	小排骨肉
pork rib	肋骨（可煮汤用）
black pudding	黑香肠
pork burger	汉堡肉
pork piece	猪肉块
pork dripping	猪油滴
lard	猪油
hock	蹄膀
casserole pork	带骨的腿肉
joint	肘子

牛肉类

stewing beef	小块的瘦肉
steak & kidney	牛排肉加牛腰
frying steak	牛排
minced beef	牛肉馅
rump steak	牛后腿肉
leg beef	牛腱肉

OX tail	牛尾
OX heart	牛心
OX tongue	牛舌
brantley chop	带骨的腿肉
shoulder chop	肩肉
porter house steak	腰上的牛排肉
chuck steak	牛肩胛肉（筋、油较多）
tenderized steak	拍打过的牛排

注：牛杂类在传统摊位市场才可买到，超级市场一般不售卖。

roll	牛肠
cow hell	牛筋
pig bag	猪肚
honeycomb tripe	蜂窝牛肚
tripe piece	牛肚块
best thick seam	白牛肚

B. 海产类

鱼类

herring	鲱鱼（青鱼）
salmon	三文鱼
cod	鳕鱼
tuna	鲔鱼（金枪鱼）
plaice	比目鱼
octopus	章鱼
squid	乌贼（鱿鱼）
pressed squid	花枝

mackerel	鲭鱼
haddock	黑线鳕鱼
trout	鲑鱼
carp	鲤鱼
cod fillet	鳕鱼块（可做鱼羹或酥鱼片）
conger（eel）	海鳗
sea bream	海鲤
hake	鳕鱼类
red mullet	红鲣（胭脂鱼。可煎或红烧）
smoked salmon	熏鲑鱼*
smoked mackerel with crushed pepper corn 带有黑胡椒粒的熏鲭*	
herring roe	鲱鱼子
boiled cod roe	鳕鱼子

（*以上两种鱼一般是用来烤着吃的，烤好后加柠檬汁十分美味。）

海鲜类

oyster	牡蛎
mussel	蚌类（黑色、椭圆形）
crab	螃蟹
prawn	虾
crab stick	蟹肉条
peeled prawn	虾仁
king prawn	大虾
winkles	田螺
whelks top	小螺肉
shrimp	小虾米
cockle	小贝肉
Lobster	龙虾

C. 蔬果类

potato	马铃薯（土豆）
carrot	胡萝卜
onion	洋葱
aubergine	茄子
celery	芹菜
white cabbage	包心菜
red cabbage	紫色包心菜
cucumber	黄瓜
tomato	番茄
radish	小红萝卜
mooli	白萝卜
watercress	西洋菜
baby corn	玉米尖
sweet corn	甜玉米
cauliflower	菜花
spring onion	小葱
garlic	大蒜
ginger	姜
chinese leave	大白菜
leek	大葱
mustard cress	芥菜苗
green pepper	青椒
red pepper	红椒

yellow pepper	黄椒
mushroom	圆菇
broccoli	西兰花（花椰菜）
courgettes	小胡瓜（苟瓜、西葫芦）
coriander	香菜（芫荽）
dwarf bean	四季豆（豇豆）
flat bean	豌豆角
iceberg lettuce	生菜
lettuce	生菜
swede（turnip）	芜菁（甘蓝）
okra	秋葵（东南亚菜系中的常用菜）
chilli	辣椒
eddoes	小芋头
taro	芋头
sweet potato	番薯
spinach	菠菜
beansprots	绿豆芽
pea	豌豆
niblet	玉米粒
sprout	高丽小菜心

D. 水果类

lemon	柠檬
pear	梨
banana	香蕉
grape	葡萄
golden apple	黄绿苹果（脆甜）

granny smith	绿苹果（较酸）
bramley	可煮食的苹果
peach	桃子
orange	橙子
strawberry	草莓
mango	芒果
pineapple	菠萝
kiwi	猕猴桃（奇异果）
star fruit	杨桃
honeydew–melon	蜜瓜
cherry	樱桃
date	枣
lychee	荔枝
grape fruit	葡萄柚
coconut	椰子
fig	无花果

E. 主、副食原料

米

long rice	长米（较硬，煮前先泡1小时）
pudding pice/short rice	短米
brown rice	高粱米
Thai fragrant rice	泰国香米
glutinous rice	糯米

面粉

strong flour	高筋面粉
plain flour	中筋面粉

self–raising flour	自发粉
whole meal flour	小麦面粉

糖

brown sugar	红砂糖
dark brown sugar	红糖（可用于煮姜汤）
custer sugar	白砂糖
icing sugar	糖粉（可用于打鲜奶油及装饰蛋糕外层）
rock sugar	冰糖

F. 其他

noodle	面条
instant noodle	方便面/意大利面
spaghetti	通心粉
soy sauce	酱油［分 light soy sauce（生抽）及 dark soy sauce（老抽）两种］
vinegar	醋
cornstarch	太白粉（生粉、淀粉）
maltose	麦芽糖
sesame seed	芝麻
sesame oil	麻油
udon	乌冬面
bread	面包
fries	薯条
oyster sauce	耗油
pepper	胡椒
red chilli powder	辣椒粉
sesame paste	芝麻酱
beancurd sheet	腐竹皮

tofu	豆腐
sago	西米
creamed coconut	椰膏
monosidum glutanate	味精
chinese red pepper	花椒
salt black bean	豆鼓
dried fish	鱼干
sea vegetable/sea weed	海带
green bean	绿豆
red bean	红豆
black bean	黑豆
red kidney bean	大红豆
dried black mushroom	冬菇
pickled mustard-green	酸菜
silk noodle	粉丝
agar-agar	燕菜
rice-aoodle	米粉
bamboo shoot	竹笋罐头
star anise	八角
wantun skin	馄饨皮
dried chestnut	干粟子
tiger lily bud	金针菇
red date	红枣
water chestnut	荸荠罐头
mu-er	木耳
dried shrimp	海米
cashew nut	腰果

G. 各种酱汁

thousand island sauce	千岛酱
oil vinegar sauce	油醋汁
black pepper sauce	黑胡椒汁
mushroom sauce	蘑菇汁
red wine sauce	红葡萄酒汁

M. 佐餐调味品

tabasco	辣椒仔
cheese powder	芝士粉
ketchup	番茄沙司
pepper powder	胡椒粉
salt	盐
mustard	芥末酱
butter	黄油
cream	奶油

附录2 西餐常用烹饪方法

一、炸制（deep-fried）

炸是用旺火加热，以食油为传热介质的烹调方法，特点是火旺、用油量多（一般比原料多几倍，饮食业称之为"大油锅"）。用这种方法加热的原料大部分要间隔炸两次。用于炸的原料在加热前一般需用调味品浸渍，加热后往往随带辅助调味品（如番茄沙司等）上席，炸制菜肴的特点是香、酥、脆、嫩。

炸的类型如下。

1. 清炸

清炸是原料不经上浆挂糊，用调料拌渍后投入油锅用旺火加热的方法。

2. 干炸

干炸是先将原料用调味品拌渍，再经拍粉或挂糊，然后下油锅炸熟的一种烹调方法。成品里外酥透，颜色褐黄。

3. 软炸

软炸是将质嫩而形状小（小块、薄片、长方条）的原料先以调味品拌和，再挂上蛋粉糊，然后投入五成热的油锅炸。

4. 酥炸

酥炸是在煮酥或蒸酥的原料外面挂上全蛋糊（也有不挂糊的）下油锅炸。

5. 卷炸/包炸

卷炸/包炸是将加工成片形、条状或茸状的无骨原料用调料拌和后，再用其他原料卷裹起来，拖上蛋粉糊（纸包炸不挂糊）入油锅炸。

二、扒制（grilling）、焗制（baking）

铁扒是指将食物放在铁板或铁条上用上火或下火直接烧烤，其燃烧原料可用木炭、天然气或电。一般多用底火铁扒，若用上火来烤，叫作焗，而用来焗的用具为明炉烤箱。

◆ 任何用来铁扒的食物体积不可太大，以避免造成食物外焦内生。

◆ 所有铁扒食物应选择肉质较嫩的为佳。

◆ 铁扒的肉类应先涂上油以及调味，而鱼类则先擦油，调味再撒上粉，才能铁扒。

◆ 铁扒的温度必须非常高，以将肉汁封住。

◆ 铁扒或碳烤应先预温涂上油后，才能放入食物，其目的是防止食物沾黏于铁条或铁板上。

三、煮制

温煮 (poaching)、沸煮 (boiling)

水煮是将食物放入100° C的滚水或汤中，煮沸后调至温火继续煮热食物。

◆ 水煮时水位一定要高于食物，在水煮过程中，水分蒸发变少时，应随时加入适量的水。

◆ 在煮肉时，一定要等水开后才将肉放入，再将火调至温火，如此才可以保存肉的鲜味。

◆ 在煮腌肉时，应用冷水煮，这样才能将肉中的咸味去除。

◆ 在煮肉时，水中可加入一些蔬菜或香料，以让食物更有鲜味。

◆ 在水煮的过程中，会有很多杂质浮在汤面上，应将这些杂质去除，否则会影响食物的质量。

◆ 在抄烫青菜的沸水中加入少许的盐，可以保持蔬菜的养分及色泽。

◆ 煮肉时加盖可以让食物快速煮开，但在煮蔬菜时则不可加盖。

四、煎制（pan-fried）

煎法见于北魏时期《齐民要术》。煎是以小火将锅烧热后，下入布满锅底适宜的油，烧热，将已经处理好的原料下入，慢慢加热成熟的烹调技法。制作时先煎好一面，再煎另一面，也可以两面反复交替煎。油量以不浸没原料为宜。煎时要不断晃锅或用手铲翻动，以使食物受热均匀，两面一致，食物煎一多呈金黄色，表皮酥脆。

煎是将经糊浆处理的扁平状原料平铺入锅，加少量油用中小火加热，使原料表面呈金黄色而成菜的技法。工艺流程：选料——刀工处理——调配味料——用中火烧热加热介质（锅）——放入底油——将原料下入加热介质中——用中火或小火将原料煎至两面金黄至成熟——加味料或汤水——勾芡——装盘。

操作关键：

（1）煎制菜肴腌制入味这一环节很重要（不能过咸或过淡）。

（2）煎制菜肴的上粉或挂浆决定了菜肴的成败（不能过厚）。

（3）煎制的时间是整个菜肴制作的关键（不能过短以致不熟）。

煎菜的特点：

色泽金黄、香脆酥松、软香嫩滑、原汁原味、不腻、诱人食欲。

煎菜的味型：

咸鲜、麻辣、咖喱、鱼香、香辣、酸辣、清香、浓郁、薄荷、鲍汁、黑椒、柠檬、少嗲、沙茶、混凝土合、酱香、糖醋、烧汁等。

五、炒制（stir-frying）

炒一般是旺火速成，在很大程度上保持了原料的营养成分。炒是中国传统烹调方法，烹制食物时，锅内放少量的油在旺火上快速烹制，搅拌、翻锅。在炒的过程中，食物总处于运动状态。将食物扒散在锅边，再收到锅中，再扒散，不断重复操作。这种烹调方法可使肉汁多、味美，可使蔬菜嫩、脆。炒的方法是多种多样的，但基本操作方法是先将炒锅或平锅烧热（这时在锅中滴一滴水会发出"唧唧"声），注入油烧热。先炒肉，待肉熟后盛出，再炒蔬菜，将炒好的肉倒入锅中，兑入汁和调料，待汁收好。

◆ 适用于炒的原料，多为经刀工处理的小型丁、丝、条、片、球等，其大小、粗细要均匀。原材料以质地细嫩、无筋骨为宜。

◆ 在操作过程中要求火旺、油热，锅要滑，动作要迅速。

◆ 炒的做法一般不用淀粉勾芡。

六、炖制（stewing）

炖是指在食物中加入少量的液体、沙司或酱汁，用慢火炒煮至熟。

◆ 在炖任何食物时都应加入足够的液体或酱汁来盖住食物的表面。

◆ 炖是用少量的液体或沙司或酱汁长时间烹制，这样才能使食物与酱汁有浓厚的味道。

◆ 任何用于炖的食物,其肉质都比较老(硬)。

所有炖的食物都应用汤盘盛装与汤汁一并食用。

七、烘烤(baking)

烘烤是在烤箱中干烤,在烘烤的过程中食物会将干烤转成湿烤。

◆ 烤面包时应用最高温烤,这样才能阻止继续发酵。

◆ 烤泡芙时也需要高温烤,这样泡芙才能立即膨胀至所需的形状,再调至低温,至泡芙酥脆。

◆ 在做蛋或焦糖布丁时,需低温隔水烘烤,这样可以降低烤箱的温度。

八、熏制(smoking)

熏制法将熟的食品放入熏箱、蒸笼中或者竹箅上,撒上红糖或煮过的茶叶以及其他食用香料,密封加热燃烧,使其炭化生烟,吸附在被熏物的表面上,目的是增加食品的特殊味道和延长保存时间。一般熏制5~10分钟为佳,有时只需熏制约1分钟即可。

操作要点:熏烧至锅内黄烟过后冒白烟时止。熏制时为免漏烟,宜用湿布将锅盖封好。

适用范围:鸡肉、鸭肉、鱼肉和可食动物内脏等。

九、烩制(braising)

烩是将食物放入紧密的容器,加入液体或酱汁后放入烤箱。任何用于烩的食物都属于肉质较老(硬)的,例如畜肉、禽肉、野味等。

◆ 烩食物时,应先用油将食物煎至金黄色,但烩牛喉结及小牛肉时,不需煎至金黄色。

◆ 在烩食物时,应视食物量选择适当的容器。

◆ 在烩食物时,应加入一些切片蔬菜及香料以增加食物的美味。

◆ 烩食物时,液体或酱汁只需盖到食物的一半即可。

◆ 烩是用少量的液体或酱汁长时间烹制,这样才能使食物与酱汁有浓厚的味道。

◆ 所有用于烩的东西,如海鲜、肉类的烩汁,应调制成酱汁。

十、焖制（stewing）

焖是先将食物和原料进行油炝加工后，改用文火添汁烹至酥烂的方法。焖的具体操作方法：先将原料冲洗干净，切成小块，在热锅中倒入油烧至合适温度，下入食物油炝之后，再加入香料、调料、汤汁，盖紧锅盖，用文火烹熟。

十一、蒸制（steaming）

蒸是将食物放入大型的容器中，用开水产生的热蒸汽将食物用有压力或无压力的方式烹熟。

◆ 蒸适用于不变色、不影响组织的食物。

◆ 如果用蒸烤箱或较紧密的容器，不让它失去压力，可保有食物本身的颜色。

◆ 在蒸布丁时，上面应盖一层蜡纸，以防止蒸的过程中水流进布丁里，造成布丁表面不光滑。

◆ 蒸根茎蔬菜（包括土豆）时，应使用有孔的托盘或容器避免造成积水，以使食物受热更均匀。

附录3　西餐冷菜制作中常用的蔬菜加工方法

按照操作环节,认真加工原料,不仅对菜肴的外观有很大影响,同时还可以使菜肴的口感更好。

1. 西红柿

西红柿去皮流程如附图3-1所示。

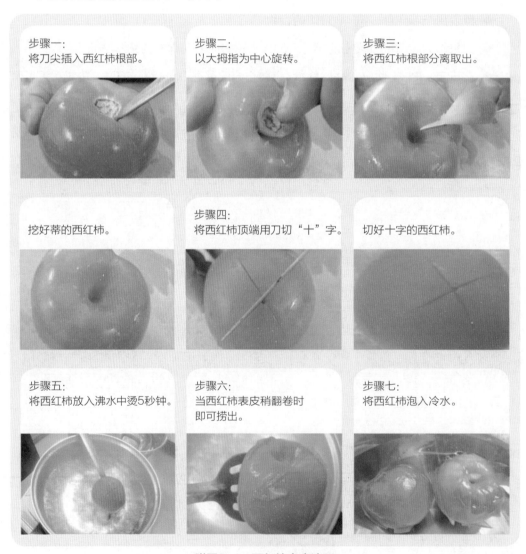

附图3-1　西红柿去皮流程

步骤八：
当西红柿表皮稍翻卷时即可捞出。

步骤九：
用手将西红柿卷起的外皮剥去。

剥去皮的西红柿表面光滑。

附图3-1　西红柿去皮流程（续）

去皮西红柿的加工流程如附图3-2所示。

步骤一：
将去皮西红柿一分为二。

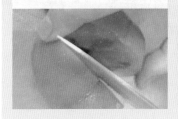

步骤二：
将一分为二的去皮西红柿切成西红柿角。

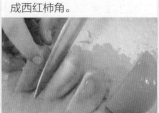

步骤三：
用手将西红柿角中的籽取出。

步骤四：
将去籽的西红柿角从中切开。

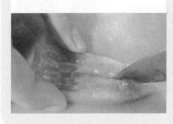

注意不要将西红柿角切断。

附图3-2　去皮西红柿的加工流程

西红柿坯的加工流程如附图3-3所示。

步骤一：
将去皮的西红柿顶端切除。

步骤二：
将顶端残留的西红柿籽取出。

步骤三：
将勺子插进西红柿底部将籽挖出。

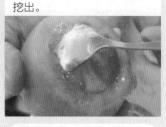

步骤四：
将挖出的西红柿籽放入碗中。

步骤五：
将果肉取出，注意不要破坏果肉外表。

步骤六：
挖出的西红柿籽不要扔掉，可用来制作沙司。

附图3-3　西红柿坯的加工流程

2. 生菜

生菜的加工流程如附图3-4所示。

步骤一：
将生菜的根部切除。

步骤二：
将生菜叶撕成细小的丝状。

步骤三：
在择菜的过程中，挑出老、烂的叶。

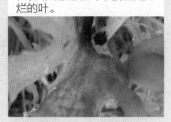

加工好的生菜。

步骤四：
制作盐水用于消毒。

步骤五：
将生菜用放入水泡制。

附图3-4　生菜的加工流程

步骤六：
将生菜洗净捞出，
倒入干净的清水。

步骤七：
再次清洗生菜。

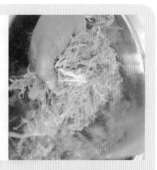

步骤八：
将生菜从清水中
捞出。

步骤九：
用甩干机控干
水分。

附图3-4 生菜的加工流程（续）

3. 柿子椒

柿子椒的加工流程如附图3-5所示。

步骤一：
将柿子椒的尾部去除。

步骤二：
将柿子椒的头部去除。

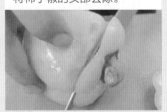

步骤三：
将去头去尾的柿子椒从中切开。

步骤四：
用刀切除柿子椒的籽。

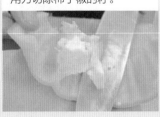

步骤五：
将去籽的柿子椒切成小段。

步骤六：
用刀将小段从中片开。

附图3-5 柿子椒的加工流程

步骤七：
将片好的柿子椒
片码好。

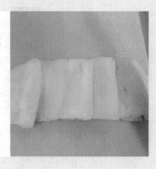

步骤八：
柿子椒切成细丝。

附图3-5　柿子椒的加工流程（续）

4. 紫甘蓝

紫甘蓝的加工流程如附图3-6所示。

步骤一：
将刀由紫甘蓝中部插入。

步骤二：
将紫甘蓝切为两半。

步骤三：
将紫甘蓝的根切除。

步骤四：
将紫甘蓝平放在案板上切丝。

步骤五：
将紫甘蓝切为同等大小的细丝。

步骤六：
将粗丝挑出。

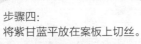

附图3-6　紫甘蓝的加工流程

5. 芹菜头

芹菜头的加工流程如附图3-7所示。

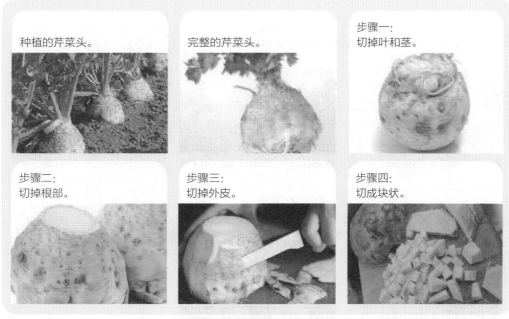

附图3-7 芹菜头的加工流程

6. 大蒜

大蒜的加工流程如附图3-8所示。

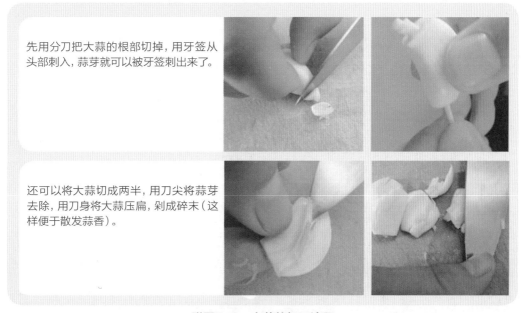

附图3-8 大蒜的加工流程

7. 蔬菜的常见切法

蔬菜的常见切法如附图3-9所示。

方法一的步骤一：
将原料去皮，沿原料的纤维切成薄片。

方法一的步骤二：
将切好的片重叠排好，沿纤维切成同等大小的细丝。

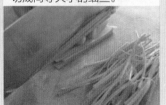

方法二：
沿着原料的纤维切成长方形。

方法三的步骤一：
将原料切成1厘米的立方形。

方法三的步骤二：
将切好的原材料转动90°，沿边缘再次切成细丁。

附图3-9　蔬菜的常见方法